Probleme lösen

CONTROLLING POCKETS 16

Markus Stamm

Probleme lösen

27 Stichworte von Akzeptanz bis Zeitdruck

Band I: Akzeptanz – Netzwerk

Herausgegeben von
CA Controller Akademie AG
Gauting/München

2. neu geschriebene Auflage

VERLAG FÜR CONTROLLINGWISSEN AG
Freiburg und Wörthsee

Zweite neu geschriebene Auflage 2009
Band I

ISBN 978-3-7775-0036-2

©2009 VCW Verlag für ControllingWissen AG
1. Auflage gedruckt 1999
Hindenburgstraße 64, 79102 Freiburg i. Br.
Münchner Straße 10, 82237 Wörthsee-Etterschlag

Gestaltung und Satz:
deyhledesign Werbeagentur GmbH, Gauting
Druck: Freiburger Graphische Betriebe, Freiburg
Printed in Germany 2009

Dieses Buch ist Ihnen, meinen Teilnehmerinnen und Teilnehmern gewidmet.

Was hilft das Hypothetische, das Mögliche?
Glück und Wachstum liegen im Tun – im
reflektierten Tun.

Inhaltsverzeichnis

Vorwort

Probleme lösen bedeutet mitzugestalten. Und wer das zusammen mit anderen schafft, erhöht die Qualität und Akzeptanz für die gefundene Lösung und seine eigene Zufriedenheit. Seine eigene Zufriedenheit? Ja, denn durch den frühzeitigen Einbezug anderer erhöht sich die Wahrscheinlichkeit, dass etwas hinterher auch umgesetzt wird.

Wer Probleme angeht, sie konzeptionell löst und der Papier-Lösung hinterher auch noch Leben einhaucht, steht vor einer Reihe anspruchsvoller **Herausforderungen**. Das Spektrum umfasst rationale, emotionale, zeitgebundene und soziale Aspekte und bedingt Kompetenzen entlang des gesamten Problemlösungs-Zyklus:

- Wie genau heißt überhaupt das Thema, der **Auftrag**?
- Wer sind die **Stakeholder**, was ihre Interessen und welche Konsequenzen hat das für die Arbeit am Thema?
- **Mit wem zusammen** soll ich das Thema anpacken und in welcher Form?
- Wie forme ich ein **schlagkräftiges Team**, wie integriere ich Expertenwissen?
- Welche **Prozesse im Innern** eines Teams sind förderlich, welche destruktiv und hinderlich?
- Mit welchen **Techniken** können wir einem Problem zu Leibe rücken, Informationen sammeln, die ganze Sache analysieren und entscheiden?
- Wie bereite ich eine **Sitzung**, wie einen Workshop vor; wie führe ihn durch und werte ihn hinterher aus?
- Welche **Störungen** gibt es aus dem Umfeld in das Team hinein, wie kann ich ihnen begegnen?
- Wie gestalten wir das **Marketing** für das Thema, wie beeinflussen wir die Organisationsmitglieder?
- **Wie präsentieren** wir vor Lenkungsausschüssen oder in einem größeren Meeting?

- Wie bereiten wir technisch solche **Unterlagen und Berichte** vor?
- Wie gestalten wir die **Erfolgskontrolle** für die Implementierung?

Auf dieses ganze Bündel von teilweise sperrigen, stets aber matchentscheidenden Fragen erhalten Sie in diesem Buch Antworten: prinzipielle und sehr konkrete Antworten für Ihre Arbeitspraxis.

Beim Schreiben des Buches dachte ich laufend an Einzelpersonen, die als Problemlöser unterwegs sind und an Projektteams, wie sie in der Wirtschaft und Verwaltung vorkommen. Im Vordergrund stand die Frage: Was ist inhaltlich und prozessual nützlich beim Lösen von Problemen? Thematisch sind das mal technische, mal soziologische Hinweise. Sie decken planerisch-prophylaktische Aspekte ebenso ab wie reaktive – ganz im Sinne eines »Notfallkoffers«.

Um den Nutzen im Alltag zu erhöhen, ist der Text nach Stichworten organisiert – und zwar nach genau 27. Mehr als 27 Stichworte braucht es nicht, um Sie kompetent bei der Lösung von Problemen zu unterstützen und Ihre Arbeit zu inspirieren. Diese 27 Stichworte liefern ausreichend Orientierung, um auftauchenden Fragen zügig zu Leibe zu rücken. Es sind nicht immer einfache Antworten, aber es sind Antworten.

Gerade für das umfangreiche Wissensgebiet und den hier angesprochenen Praktiker gilt die 80/20-Regel, das Pareto-Prinzip ganz besonders. 80 % Output erhalten Sie schon mit 20 % Input. Und: Sie verhungern unterwegs nicht und erreichen das Ergebnis in einer vernünftigen Zeit. Wohl wissend, dass es einen Unterschied gibt zwischen kennen und können.

Schön gesagt, das mit den 80/20 – aber welches sind die 20, die es bringen? Die Spreu vom Weizen zu trennen ist dann und wann nicht ganz einfach, immer subjektiv und an das eigene Denken und Arbeiten gebunden. Nichtsdestotrotz: Der Weizen liegt vor Ihnen, zwischen den vier Buchdeckeln. Und für weitere Anregungen – über die 27 hinaus bin ich offen und auch dankbar: info@markusstamm.de

→ Tipp

- Das Zeichen »>« verweist auf ein anderes Stichwort. Das also: >Berichte bedeutet, dass dort noch mehr Infos zum Thema Berichte stehen.

- Es ist mir nicht immer möglich gewesen, Wiederholungen völlig zu vermeiden. So spielt etwa die Auftrags- und Projektdefinition an unterschiedlichen Stellen eine Rolle – ebenso wie das Thema Protokoll. Oder es kommt ein konkretes Beispiel zwei Mal vor, weil es sich für zwei Stichworte als Exempel eignet. Um den Sinnzusammenhang innerhalb von einem Stichwort zu gewährleisten, sind einige Doubletten bewusst eingefügt und gewollt. Das auch, weil Sie das Buch vermutlich nicht von A bis Z durch lesen, sondern thematisch picken: mal dieses und zwei Monate später jenes.

- Der Lesbarkeit halber verwende ich im Buch die männliche Form. Es liest sich ein Text schlicht und ergreifend so leichter: »Die Zauberfrage heißt hier: Wer ist im Raum, was sind seine Lieblingsthemen und was seine Interessen in Bezug zu meinem Thema? Welche Fragen will er beantwortet haben?« Obwohl die korrekte Form so lautet: »Die Zauberfrage heißt hier: Wer ist im Raum, was sind ihre/seine Lieblingsthemen und was ihre/seine Interessen in Bezug zu meinem Thema? Welche Fragen will sie/er beantwortet haben?«

- An einigen Stellen habe ich weiterführende Hinweise eingefügt: auf ein besonders lesenswertes Buch, einen wertvollen Workshop, mal auf einen gewinnbringenden Link verwiesen. Bei der Wahl ging es mir nicht so sehr um objektives Wissen, sondern um subjektiv empfundene Nützlichkeit.

Dank

Dieses Buch ist »neu«, und dieses Buch ist »alt«.

Neu ist es aus mindestens drei Gründen. Zunächst einmal, weil es formal in Stichworten organisiert ist. So entstehen verdaubare, thematische Bündel, die dem Leser den Zugang erleichtern. Dann ist seit 1999, als »Probleme lösen im Team« erschien, vieles anders geworden und überaus viel neues Material dazu gekommen. Das Wichtigste an dem »Neuen« aber ist wohl, dass sich Themen mit zunehmender Berufs- und Lebenserfahrung vermehrt verknüpfen und verdichten. Vieles wird einfacher, weil es sich bündelt und weil die Erfahrung zeigt: Ja, tatsächlich, es führen viele Wege nach Rom! Kein Weg ist beliebig, jeder ist geplant, angelegt und hat seine Funktion. Und: Auch mit dem Zufall und dem Glück, dem Unvorhergesehenen kann man rechnen!

»Zukunft braucht Herkunft«, unter diesem Titel erschienen 2003 Odo Marquards philosophische Essays. In diesem Sinn hat auch das vorliegende Buch »alte« Wurzeln, die hauptsächlich mit Personen verbunden sind, die mich auf meinem beruflichen Lebensweg prägten.

Schon zu meinen Studienzeiten an der Universität St. Gallen weckten die Professoren Miller (Soziologie) und Delhees (Psychologie) in mir die Neugier. Die Neugier für die menschlichen Bedürfnisse und sozialen Bezüge in Unternehmen – in »sozialen Systemen«, wie unser Jargon damals lautete. Arbeitsteams haben es mir schon damals angetan – über sie schrieb ich meine Diplomarbeit. Sie ziehen mich noch heute in ihren Bann – Tag für Tag arbeite ich mit ihnen.

Ab 1982 kamen im Rahmen der Controller Akademie Dr. Deyhle und Dr. Küchle als Inspirationsquellen hinzu. Jetzt standen im Vordergrund der schwungvolle Vortrag, die Visualisierung über Flipcharts, die Moderation und Workshop-Gestaltung – die, wenn es nicht zu verstaubt tönt, »Erwachsenenbildung.« Beide haben mich sehr geprägt und waren mir in der Zeit: Vorbild!

Rund 10 Jahre später, ich war inzwischen so um die 40, bildete ich mich selber intensiv weiter: am Management Zentrum St. Gallen in Organisations- und Teamentwicklung und Coaching. Dr. Sonja Sackmann, insbesondere aber Dr. Gerhard Fatzer spannte einen für mich entscheidenden Orientierungsrahmen und so lernte ich in Boston weitere für mich wegweisende Leute kennen wie Schein, Lippitt, Hirschhorn, Dannemiller, Bunker und Alban. Insbesondere lernte ich Organisationsdynamiken besser verstehen und Interventions-Strategien über sogenannte »Großgruppen«.

In dieselbe Zeit fiel meine Selbständigkeit und mein beruflicher Start als Unternehmensberater. Dieser Abschnitt vertiefte nochmals die Arbeitsbeziehungen zur Controller Akademie – jetzt von außen. Ich entwickelte das CAP-Programm (»Controller`s Advanced Program«) und schuf so eine neue Produktlinie rund um die »soziale Kompetenz« des Controllers. Fachlich dabei geholfen haben mir Dr. Friedrich Heil, Prof. Dr. Stefan Titscher und Peter Hinnen, Dipl. Psych. Mit Stefan Titscher erschien in der Folge ein gemeinsames Buch (»Erfolgreiche Teams«, Linde Verlag) und mit Peter Hinnen verbinden mich zahlreiche, gemeinsam gemeisterte Beratungsprojekte. Das vorliegende Buch ist randvoll mit Ergebnissen aus der überaus fruchtbaren Zusammenarbeit mit Stefan Titscher und Peter Hinnen.

Christian Biland, Herbert Bolliger und Beat Zahnd sind drei CEO's bei der Schweizer Migros. Ich lernte sie in dieser Abfolge kennen. Für sie konnte ich mit Peter Hinnen zusammen an den unterschiedlichsten Themen beratend wirken. Es waren dabei: eine Fusion von Anfang bis Ende (Dauer etwa fünf Jahre), die Sanierung einer großen Genossenschaft (insgesamt etwa sechs Jahre) und unter Federführung von Prof. Dr. Müller-Stewens die Arbeit an zwei strategischen Ausrichtungen – einmal für eine einzelne Genossenschaft, dann während zwei Jahren für die Migros-Gruppe insgesamt.

In dieser langfristig angelegten Zusammenarbeit mit den Migros-Managern Biland, Bolliger und Zahnd entstand aus konkreten Praxisfällen und der intensiven Beschäftigung mit »der Theorie« eine ganze Menge an Seminar-Stoff. Sie finden ihn im vorliegenden Buch teilweise wieder, insbesondere aber in den CAP-Workshops »Change Management«, »Projekte erfolgreich durchsetzen«, »Das erfolgreiche Team« sowie meinen jüngsten Workshops: »Führen« und »Gestalten«. Ich bin wirklich froh und dankbar, immer wieder die großherzige Erlaubnis von diesen Managern zu erhalten, aus ihrer Unternehmens-Praxis das eine oder andere Beispiel in zum Teil anonymisierter Form verwenden zu dürfen.

Herzlichen Dank an Silke Neunzig aus der Controller Akademie. Sie organisierte, legte Hand an die Texte und Grafiken und war mir eine große Stütze!

Das alles wäre aber nicht möglich geworden ohne meine Frau, Monika Endres-Stamm. Sie war und ist mir als gedanklich nicht mit der Wirtschaft beschäftigter Mensch Gesprächspartnerin, Ideengeberin und Inspiration: Abwechslung. Ihre Gedichte und der gemeinsame Tango erleichterten mir oft die »Bürostunden«.

»Zukunft braucht Herkunft«: Damit verbunden ist meine Hoffnung und mein Wunsch, dass die Akzente all dieser Menschen, die ich als prägend erleben durfte, auch Sie erreichen und inspirieren.

A

Akzeptanz

Von einer »Problem-Lösung« kann dann gesprochen werden, wenn für ein Thema ein Papier oder Konzept ausgearbeitet und dieses Konzept auch umgesetzt wurde. Erfolgreich umgesetzt wurde, so dass die ursprünglich beabsichtigten Effekte auch tatsächlich eingetreten sind. Dann ist »das Problem gelöst«. Ich ziehe es deswegen gelegentlich auch vor, statt von einer Problemlösung von einer Problem-Lösung zu sprechen. So geschrieben, leuchtet sowohl die Ausgangslage wie auch das Ziel auf. Der Lösungsprozess selbst bedingt eine ganze Reihe kognitiver und emotionaler Schritte.

Problemlösung = Qualität × Akzeptanz

Die **Akzeptanz** spielt sowohl bei der Arbeit am Konzept wie auch beim Roll-out eine prominente Rolle. Ohne sie käme es ganz zu Beginn zu keinem Auftrag. Ohne sie entstünde bei den am Konzept Arbeitenden kein Sinn und letztlich auch kein Drive. Ohne sie würden beim Roll-out die Promotoren nicht erreicht. Und ohne Akzeptanz liefe ganz am Ende der Kette das Neue bei denen ins Leere, die es umsetzen sollten. Das Annehmen von etwas, die Akzeptanz, ist die Voraussetzung für die Veränderung von etwas.

Zu Recht wird deswegen von einer wirksamen Problem-Lösung im Allgemeinen verlangt, dass sie nicht nur hohe **Qualitätsstandards** erfüllt, sondern auch hohe Akzeptanz erreicht. »Qualität« bezieht sich auf die sachlichen Kriterien der vorgeschlagenen Lösung. »Akzeptanz« bezeichnet die Bereitschaft von Personen, sich mit einem Thema auseinanderzusetzen respektive einen Entscheid Dritter zu übernehmen, ihn anzunehmen und umzusetzen. Was einmal akzeptiert ist, schafft einen Bezugsrahmen für künftiges Verhalten.

Der Akzeptanz vorgelagert ist die Einsicht, ist der Sinn. Nur was mir aufgrund meiner Praxis und meines Nachdenkens als sinnvoll erscheint, bin ich bereit zu akzeptieren. Oder ich akzeptiere etwas, weil ich von der Person, die für das Thema steht, absolut überzeugt bin, ihr und ihrem Urteilsvermögen vertraue. So oder so setzt Akzeptanz eine freie Willensentscheidung voraus.

Ein Entscheid, der qualitativ hochwertig ist, aber von niemandem akzeptiert wird, bringt letzten Endes nichts. Noch verheerender aber sind Entscheide, die von jedermann begrüßt werden, deren Qualität aber gleich null ist. Deswegen die wunderbare Formel, die ihren Pfiff, ihre Provokation und Herausforderung gerade aus der Multiplikation zieht *(N. R. F. Maier, der die Idee ursprünglich für eine gelungene Kommunikation anwandte, Titscher/Königswieser 1985: 177–179)*: Die wirksame Problemlösung also entsteht aus Qualität und Akzeptanz, aus Qualität mal Akzeptanz.

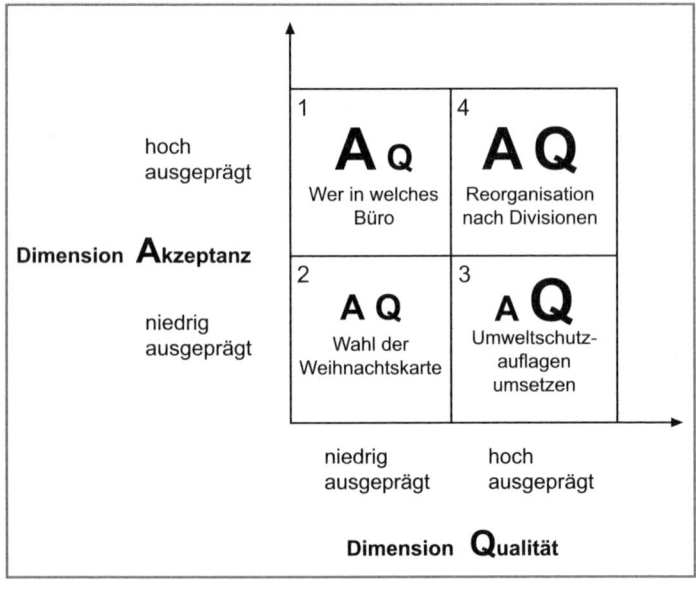

Abb. 1: Qualität und Akzeptanz

Qualität und Akzeptanz mit unterschiedlichen Gewichten

Will man diesen Leitgedanken verwerten, so gilt es zunächst festzustellen, welchen Stellenwert die Dimensionen »Akzeptanz« und »Qualität« beim anstehenden Problem haben. Es gibt Aufgaben, bei denen die Akzeptanz wichtiger ist als die Qualität, und es gibt Aufgaben, bei denen die Qualität wichtiger ist als die Akzeptanz. Überträgt man diesen Gesichtspunkt in eine Matrix mit jeweils zwei Möglichkeiten, so ergeben sich folgende Quadranten:

1. Es kommt bei der Problemlösung vor allem darauf an, für eine aktive Annahme der Lösung zu sorgen und alle für die Ausführung verantwortlichen Personen argumentativ zu erreichen und für ein bestimmtes Tun oder Lassen einzustimmen.
   Beispiel: Der Umzug in ein neu renoviertes Bürogebäude aus der Jahrhundertwende steht bevor. Die sehr unterschiedlichen Räume (Größe, Lage, Fensteranzahl, Blick) müssen zugeteilt werden. Zudem gibt es Einzel- und Zweierbüros.

2. Das Problem ist ziemlich unwichtig oder jede der vorliegenden Lösungsalternativen genügt in gleichem Maße den Mindestanforderungen beider Kriterien.
   Beispiel: Gibt es für Dienstwagen eine farbliche Vorgabe und wenn ja, welche? Wie sieht die nächste Weihnachtskarte aus, die wir an unsere Geschäftspartner verschicken?

3. Die Qualität besitzt den Vorrang und die Akzeptanz steht hinten an oder ist bereits gewährleistet. Das Augenmerk muss bei der Problemlösung auf die objektive Güte der Sachlösung und ihre korrekte Umsetzung gerichtet werden.
   Beispiele: Nichtraucher-Schutz; Umsetzung von Umweltschutzauflagen oder Richtlinien zum Risikomanagement.

4. Akzeptanz und Qualität sind gleichermaßen wichtig. An keiner der beiden Dimensionen dürfen Abstriche vorgenommen werden, wenn die Lösung später funktionieren soll.
   Beispiele: In einem Unternehmen wird erstmalig eine strategische Unternehmensplanung durchgeführt; ein gerade erfolgreich pilotiertes Konzept zur Frische in Supermärkten soll

*breitflächig umgesetzt werden; in einem inhabergeführten
Kleinbetrieb der Dienstleistungsbranche scheiterten zwei
Versuche, in anderen Ländern Niederlassungen aufzubauen.
Vor dem dritten Versuch soll das Scheitern analysiert und
Konsequenzen daraus gezogen werden.*

Problemlösung = Qualität × Akzeptanz! Und jeder Profi im
Themenkomplex »Change Management« weiß: Man muss diesen
Faden weiter spinnen und noch die **Zeitdimension** hinzufügen.
Schon immer war zu spät zu spät, aber seit dem Gorbatschow-Satz
ist dieser Gedankengang überaus populär geworden. Darum also:
Problemlösung = Qualität x Akzeptanz x Zeit.

Somit stellt sich die Frage dreifach: Wie und wodurch kommen
wir zu Qualität, Akzeptanz und dem richtigen Zeitpunkt respektive einem angemessenen Tempo? >Zeitdruck

Der Input für den Output »Qualität« besteht in erster Linie aus der
Verfügbarkeit relevanten Wissens. Bei jeder Problemlösung sind
drei Arten von Wissen relevant: Fachwissen, Prozesswissen und
Kontextwissen. Alle drei Wissensarten sind notwendig und im
Normalfall ungleich auf Personen verteilt. In den seltensten Fällen
aber reicht das addierte Wissen von Einzelpersonen aus. Häufig –
wenn nicht gar hauptsächlich – spielen hier auch Teamprozesse
(>Team; Kommunikation) eine zentrale Rolle. Sie entscheiden, wie
viel und welches potenziell vorhandene Wissen auch tatsächlich
auf das Spielfeld kommt und einen Einfluss auf die Lösung hat.
Auch wird die Qualität einer Problemlösung von weiteren Orga-
nisationsmitgliedern mitbestimmt. Stellen sie ihre Ressourcen –
zeitnah – zur Verfügung?

»Akzeptanz« als freiwillige Willensentscheidung ist nur in Teilen
beeinflussbar. Dort wo sie beeinflussbar ist, hängt der Output
ganz wesentlich an drei Arten von Inputs.
Der erste Input dreht sich um Personen. Nach dem Motto: Sag mir,
wessen Thema das Thema ist und wer sich alles um das Thema
(nicht) kümmert und ich sage dir, wie ernst ich das Thema und
die damit verbundenen Entscheidungen nehmen werde, (nicht)

nehmen muss. Akzeptanz hängt davon ab, wer für ein Thema steht und wer alles in die inhaltliche Bearbeitung miteinbezogen ist und war.

Der zweite Input hängt an der Art und Weise, wie ein Problem angegangen und bearbeitet wird. (>Problem)

Ein dritter wichtiger Treiber für die Akzeptanz ist schließlich die Kommunikation. Was wird, in welcher Form, wann und von wem zum Thema gesagt? (>Projekt) Wie werden die später von der Lösung Betroffenen einbezogen?

Folgender Fall aus meiner Seminarpraxis war mir diesbezüglich ein Lehrstück. Der leitende Controller einer deutschen Großbank (das Institut rangierte damals unter den zwölf größten) brachte in die Stufe 2 des Bank-Controller-Zyklus der Controller-Akademie sein Berichtswesen mit. In der ersten Stufe sei so offen diskutiert worden, meinte er. Und er hätte jetzt sein Berichtswesen dabei, weil das nicht gerade das Gelbe vom Ei sei und er sich Verbesserungsideen von den Kolleginnen und Kollegen erhoffe. Vielleicht könne man ja abends oder über Mittag zusammensitzen und ein neues Berichtswesen »basteln«.

Die Ausgangslage, die wir noch am Sonntagabend zu sehen bekamen, die aber auch durch die Woche bruchstückweise immer deutlicher wurde, war so: In der 3. Kalenderwoche gab es eine Vorstandssitzung. Im letzten Drittel (!) der Tagesordnung erschien der Punkt »Monatsbericht«. Der war zirka 8 Seiten lang und ohne Grafiken (!). Anweisung des Vorstandssprechers: »Keine Comics, wenige Zahlen in den Text einarbeiten, den Text gut ausformulieren und ggf. Ludwig Reiners Stilfibel für Formulierungshilfen benutzen (!). Der Bericht hatte 3 Tage vor der Vorstandssitzung jedem Vorstand vorzuliegen. Hie und da verlief die Vorstandssitzung so, dass die ersten Punkte mehr Zeit als geplant brauchten. Die letzten fielen dann in dieser Sitzung durch den Rost und in der nächsten war der Monatsbericht schon Schnee von gestern. Kam aber der Punkt, musste der Controller den Bericht verlesen (!). Er hatte dabei ein ungutes Gefühl, einige Anwesende blätterten zu

Stellen, wo er erst noch hinkam, andere arbeiteten ihre Unterschriftenmappe durch – aber der Vorstandssprecher wünschte (!) diese Vorgehensweise.

Nun gut – wir waren an diesem Sonntagabend jedenfalls alle von den Socken, ja geradezu empört und eine Dame bezeichnete die Zustände als »Steinzeit«.

Und wir schufteten die ganzen seminarfreien Stunden der Woche an einem neuen Berichtswesen für diesen Controller. Wir hatten die Berichtsstrukturen (nicht: Inhalte) und die Typen von Schaubildern (nicht: Inhalte) fast aller wichtigen Banken aus Deutschland, Österreich und der Schweiz beieinander. Am Freitag zum Seminarende hin waren wir sicher, etwas Kluges und überaus Nützliches für die Bank geschaffen zu haben. Wir waren überzeugt, dass der Chef-Controller mit unserem neuen Monatsreport, mit den farbigen Visualisierungen und den knackigen Aussagen darauf Erfolg haben wird. Und am wichtigsten war: Auch er selbst war überzeugt von der Sache und sagte, er werde sie am Tag X erstmals so durchziehen.

Es war X plus 1, ich rief ihn an. Alles sei schief gegangen, meinte er darauf hin. Der »Alte« (sein Vorstandssprecher) sei immer blasser geworden und zum Schluss hätte er nur mit versteinerter Miene gesagt: »Das nächste Mal arbeiten Sie aber bitte wieder ordentlich!« Und das hieß soviel wie: 8 Seiten Prosa!

Diese Lektion ist mir unter die Haut gegangen. Erfolg einer Problemlösung = Qualität × Akzeptanz! Das Q war sehr hoch geladen. Immerhin haben zirka 5–6 Controller mit ihrem Expertenrat mitgearbeitet. Und die Akzeptanz? Sie war kein Thema. Die ganze Zeit haben wir an der Sache gearbeitet und sind der Fiktion erlegen, das Kluge, Schlüssige, Bündige würde dann schon überzeugen. Eine krasse Fehleinschätzung, wie sich später herausstellte! Bilanz für den Erfolg unserer Bemühungen = $1{,}0 \times 0 = 0$! Und Achtung: So geht es in Tat und Wahrheit sehr vielen Projekten!

Es ist dann und wann bitter und wichtig festzustellen: Beim Erfolg zählt letztlich nicht das Bemühen, sondern allein das Ergebnis.

Und ob das Ergebnis als positiv oder negativ bewertet wird, entscheiden andere. Der Erfolg liegt außen, bei den anderen.

→ Tipp

Worauf Sie bei Projekten schauen müssen erfahren Sie im CAP-Seminar »Projekte erfolgreich durchsetzten«. Dort stelle ich Ihnen (aktuell) **36 Erfolgsfaktoren** vor. Sie stammen weitgehend aus dem Themenfeld »Prozesswissen« und »Kontextwissen«. 36 »soft factors«, die häufig eine matchentscheidende Rolle bei der Um- und Durchsetzung von Projektinhalten spielen.

A

Attributions-Theorie

Ob es Ihnen bewusst ist oder nicht: In vielen Episoden Ihres Lebens haben Sie gemäß der Attributions-Theorie gehandelt, Handlungen geplant oder jene anderer analysiert. Und: über das Beobachtete geschmunzelt oder sich geärgert. Speziell als Controller und hier wiederum bei für den Verantwortlichen günstigen oder ungünstigen Abweichungen. Wie reagieren die darauf Angesprochenen? Wie erklären sie sich und den Anderen die eingetretenen Effekte? Bei Misserfolgen fast immer: die Anderen, die Umstände. Und bei Erfolgen? Genau – das ist sie, die Attributtions-Theorie.

Sie ist ein Kausalmodell und fragt, worauf wir Ergebnisse oder Verhalten zurückführen, womit wir es erklären. Ihr Ziel ist, eigenes und fremdes Verhalten zu erklären, es zu verstehen. Zu verstehen, warum etwas so gelaufen ist, wie es gelaufen ist. Aber auch: künftiges, geplantes Verhalten vorherzusehen.

Das Grundmuster der Attributtions-Theorie (wie sie von Fritz Heider in »The Psychology of Interpersonal Relations« aus dem Jahre 1958 entwickelt wurde) sieht so aus: Verhalten = Funktion von (Person, Umstände). Statt »Person« könnte auch stehen: ich. Ich habe es getan, ich bin dafür verantwortlich, dass etwas so gekommen ist, ein Ereignis ist meinen Fähigkeiten, meiner Anstrengung zuzuschreiben. Der Grundtenor hier lautet also: ich/intern. Ich übernehme die Verantwortung, mir gehört der Erfolg. Anstelle der »Umstände« könnten bedeutungsgleiche Worte stehen zu »es«/extern. Es ist mir widerfahren, ich hatte Glück oder Pech, der Zufall hat mir geholfen. Wie auch immer: Was eingetreten ist, ist die Folge von durch mich nicht beeinflussbaren und damit nicht zu verantwortenden Dingen.

Mit der Attributions-Theorie lassen sich Muster erklären und häufig auch vorhersagen. Bei einem Gerichtsverfahren wird der

Verteidiger stets auf unglückliche Umstände wie eine traumatische Kindheit oder nachteilige Presse-Veröffentlichungen hinweisen. Der Grundtenor ist klar: Nicht der Angeklagte ist schuld, sondern die Umstände haben bestimmte Ereignisse geradezu provoziert. Also: Der Angeklagte ist unschuldig! Während der Staatsanwalt gerade die umgekehrte Attribution vornehmen wird und in seiner Argumentation das persönliche Verhalten als Ursache für bestimmte Folgen hervorheben und die Bedeutung der Umstände relativieren wird. Tendenz: persönlich verantwortlich!

In einem sozialen Sinn »nicht zurechnungsfähig« sind Menschen, die Erfolge immer sich selbst zuschreiben und Misserfolge ebenso konsequent den Umständen. Umstände, die dann auch häufig andere Personen sind. Eindrücke entstehen wie: »Der ist ja total größenwahnsinnig« oder man wundert sich über gewisse Wirklichkeits-Konstruktionen, wie es beispielsweise die aufgebauten Feindbilder sind. Politische wie auch betriebliche. So hörte ich auf einer Vertriebs-Tagung vor Jahren einmal folgenden Witz: »Was ist der größte Feind des Außendienstes? Frühling, Sommer, Herbst und Winter!«
Allerdings: Für ein gesundes Selbstvertrauen und eine aktiv-gestaltende Rolle steht im Allgemeinen, dass man Erfolge tendenziell sich selbst und Misserfolge den Umständen zuschreibt. Jim Collins (in: Der Weg zu den Besten) allerdings fand bei sehr erfolgreichen, charismatischen Führungspersönlichkeiten gerade das umgekehrte Muster. Bei Misserfolgen sagten sie: »ich« und bei Erfolgen: »es«. So jedenfalls war die veröffentlichte Meinung – was die Selbstanalyse betrifft, mag sie zu durchaus anderen Ergebnissen gekommen sein.

Sozial »nicht zurechnungsfähig« sind nochmals andere Menschen, die die Erfolge fast immer den Umständen und die Misserfolge konsequent sich selbst zuschreiben. Sie neigen zu Depression, Pessimismus und Hilflosigkeit, haben das Gefühl, nichts unter Kontrolle zu haben. Sie sind Getriebene. Ihnen sei ins Stammbuch geschrieben, dass auch eingefahrene Denkgewohnheiten nicht unveränderbar sind!

Aber auch das Phänomen der »Sündenböcke« lässt sich mit der Attributions-Theorie erklären. So lange es mir gelingt, ein Problem auf eine Person abzuwälzen und die dann in die Wüste zu schicken, muss ich als Chef nichts an den Umständen verändern. Für die nämlich wäre ich als Chef verantwortlich. So sind Sündenbock-Rituale schnelle Entscheidungen, die alle anderen entlasten. Nachdenklich muss man spätestens werden, wenn es wieder und wieder einen Sündenbock braucht. Spätestens dann stellt sich die Frage, ob es nicht vielleicht doch die Umstände sind, die zu einem dysfunktionalen Verhalten führen. Denken Sie dabei nur an bestimmte Provisionierungs- und Incentive-Systeme, die dem persönlichen (kurzfristigen) Nutzen dienen und den (langfristigen) Schaden sozialisieren.

Im Laufe der Zeit erfuhr die Attributions-Theorie verschiedene Verfeinerungen. Bei den Erklärungsmustern wurde nicht mehr nur nach intern und extern gefragt, sondern beispielsweise auch nach der Stabilität sowie der Kontrollierbarkeit der Ursachen. (Bernard Weiner) Sagt also jemand: »Es ist immer so« (stabil) oder »Es ist gerade jetzt so« (variabel)? Natürlich macht es einen Unterschied, ob jemand über sich selber sagt: »Immer mache ich solche Fehler« oder »Heute mache ich solche Fehler«.
Ebenso gibt es Umstände, denen ich ausgeliefert bin oder solche, die ich (wenigstens etwas) kontrollieren kann. So ist es beispielsweise normal, dass Mitarbeiter intern und extern wechseln. Wenn ich aber als Projektleiter weiß, dass ein Projekt-Team durch wechselnde Mitglieder destabilisiert wird, so kann ich schon bei der Auswahl der Teammitglieder und dann nochmals im Kick-off-Meeting einen Kontrakt herbeiführen, dass »wir zusammen, wir fünf hier, dieses Vorhaben jetzt während den folgenden acht Monaten durchziehen und dass keiner in der Zeit von der Schippe springt. Können wir das so ausmachen?!«

Die Attributtions-Theorie und das Wissen um eigene und fremde Attributions-Tendenzen ist deswegen so wichtig, weil sie mit einer zentralen, immer wiederkehrenden Frage in unserem Leben zusammen hängt: **Die Frage nach dem Warum.**

B

Berichte

Wer immer, alleine oder gemeinsam mit anderen, Analysen betreibt und daraus abgeleitete Empfehlungen gibt, kommt in den seltensten Fällen um das Schreiben von Zwischen- und Schlussberichten herum. Nun ist das Thema sowohl von der Ersteller- als auch von der Empfängerseite her betrachtet nicht sonderlich sexy, wird vielerorts als »notwendiges Übel« eingeschätzt. Deshalb sei die Frage am unteren Ende der Attraktivitätsskala so gestellt: Was macht Berichte etwas erträglicher?

Berichte schreiben gelingt leichter, wenn man zur Einstimmung ganz bewusst die Seite wechselt. Die Seite wechselt und sich fragt, was dem Leser an den Berichten stinkt. Respektive was, wenn nicht gerade Freude, so doch wenigstens sein Wohlwollen erzeugt. Vermeidet man dann die wesentlichsten Fehler und beherzigt die damit einhergehenden Empfehlungen, ist man mit hoher Wahrscheinlichkeit auf einem guten Weg. Erfolgsrezepte sind aber auch hier mit Vorsicht zu genießen – was in dem einen Firmenumfeld wunderbar klappt, endet woanders in der Katastrophe.

Eine kleine **Recherche** unter Viellesern von Berichten ergab sieben Problemzonen. Positiv formuliert: Sieben hauptsächliche Herausforderungen für Berichte-Ersteller!

- Der Bericht (insbesondere elektronisch) ist nicht immer die richtige Form, »bestimmte Dinge« zu sagen. (Eine Überlegung, die vor dem Schreiben des Berichts stehen muss.)
- Fehlende oder unklare Formalien erschweren die Orientierung.
- Der Text ist nicht oder zu wenig auf den Leserkreis abgestimmt.
- Die Struktur des Berichts ist nicht stringent.
- Die Formulierungen passen nicht, der Text ist unverständlich, missverständlich, schwer zu lesen.

- Sich bewusst sein: Es wird zwischen den Zeilen geschrieben, aber auch gelesen.
- Die Visualisierung ist entweder trivial, überkomplex oder passt nicht zum Text, kein (oder nur ein loser) Zusammenhang zwischen Zahlen, Grafik und der zu treffenden sowie zu belegenden Aussage. (Alles dazu unter >Visualisierung)

Auf genau diese sechs inhaltlichen Hauptprobleme will ich im Folgenden eingehen und den Teil abrunden durch einige prozessuale Tipps und Tricks zum Prozess des Schreibens.

Der Bericht ist nicht immer die richtige Form, »bestimmte Dinge« zu sagen

Kürzlich erzählte mir ein guter Freund von einem E-Mail, das er vor sieben Jahren schrieb und in dem er auf mögliche Gefährdungen durch ein Produkt hingewiesen hat. Später wurden die Bedenken durch interne Abklärungen ausgeräumt, aber ein anderer Mitarbeiter, der mit auf dem Mailverteiler stand, stellte dieses Mail – fünf Jahre später und nach seinem Ausscheiden aus der Firma – ins Internet. Die Inhalte passten irgendwelchen Anwälten bestens und die Firma führt in dieser Sache heute einen aufwändigen Prozess. Die Lehre aus solchen und ähnlich gelagerten Fällen kann nur sein: Prüfen Sie genau und überlegen Sie, bei was Sie überhaupt schriftlich werden und worüber Sie nicht besser nur mündlich berichten. Und wenn Sie sich für die schriftliche Form entschieden haben oder sie vorgeschrieben ist, ist immer noch die Frage, wie deutlich und konkret Sie werden sollen, dürfen, müssen. Das wiederum hängt sicher vom konkreten Fall und seinem Kontext sowie von Ihrer konkreten Rolle ab.

Bedenken Sie in diesem Zusammenhang immer: **Wer schriftlich wird, wird offiziell.** Und wer offiziell wird, löst Folgen aus: Andere müssen sich mit den Inhalten beschäftigen oder sie lassen sich etwas zuschulden kommen, wenn sie es nicht tun; die angesprochenen Punkte müssen weiter bearbeitet werden – womit Sie andere beschäftigen/belästigen; es müssen Stellungnahmen erarbeitet werden; leicht und schnell erfahren heut zutage unbeteiligte Dritte und nicht zu beteiligende Dritte von der Sache; was heute gespeichert ist, ist es auch noch in 10 Jahren.

Fehlende oder unklare Formalien erschweren die Orientierung

Dieser Punkt und diese Klage scheint mir die Technischste zu sein und damit die am leichtesten zu Behebende. Nichts desto trotz betrafen nicht wenige Bemerkungen aus meiner kleinen Umfrage bei Managern diesen Punkt. Welche Formalien gehören, sei es an den Anfang eines Berichts, sei es in die Fußzeile?

- Einstufung des Berichts, z. B. als vertraulich
- Thema des Berichts, z. B. Abschlussbericht zu Focus 07
- Berichtsdatum, z. B. 1. April 2008
- Empfängerkreis, z. B. Geschäftsleitungsmitglieder, Ltr. Controlling
- Gliederung des Berichts mit einem aussagekräftigen Inhaltsverzeichnis
- Der Bericht beginnt mit maximal einer Seite »Zusammenfassung«. Es folgen »Entscheidungsanträge«; »Wie geht es weiter«; »Offene Punkte« und eventuell weitere Details – der Zahlenteil.
- »Das größte aller Übel ist, wenn die PowerPoint-Folien, die zur Präsentation verwendet werden, einfach mit einem Deckblatt versehen werden und dann ist der Bericht fertig. Das gibt viel zu viel Papier, die Übersicht fehlt und es wird nur Stichwortartig argumentiert, was zu großen Interpretationsspielräumen führt« – so die Stimme eines viel beschäftigten Managers.
- Berichtersteller, z. B. Reto Almer, Ltr. IRK
- Quelle und Zeitpunkt der Daten, z. B. F/Projekt/Focus07/ Berichterstattung/2008/21.3.2008

Es versteht sich von selbst, dass alles was wirklich wichtig ist besprochen werden muss. Es reicht in solchen Fällen nicht, Berichte nur zu verteilen – selbst wenn sie formal einwandfrei aufgebaut sind.

Der Text ist nicht oder zu wenig auf den Leserkreis abgestimmt

Das Argument »Zielgruppe« kommt immer wieder – was gilt es hier speziell als Controller im Detail zu bedenken?

Der **erste Hauptpunkt** ist der, dass Sie für **ungeduldige Leute** mit wenig Zeit schreiben, die häufig eine sehr schnelle Auffassungsgabe haben und in vielen Fällen schon über reichlich Vorinformationen und Vorerfahrungen verfügen. Das bedeutet:

- Sie können überaus **zügig zur Sache** kommen und müssen nicht, wie in vielen allgemeinen Texten propagiert, »die Leute erst abholen«, erst Aufmerksamkeit und Interesse erzeugen – das alles können Sie voraussetzen.
- Nach einer kurz gehaltenen aber sorgfältigen Hinführung zum Thema erwartet der Leser schnell die **Schlussfolgerung.**

Diese beiden ersten Punkte lassen sich im Schlagwort »Management-Summary« bündeln.

- Diese Zusammenfassung ist **weiter hinten** ergänzt um die **Details** und Begründungen. Das lässt es dem Leser freigestellt, wie tief er in die Materie eintauchen will. »Der ganze Zahlensalat gehört in den Anhang (soll doch lesen wer will)« schrieb mir der Vorstandssprecher einer Bank.

Dieses Berichts-Prinzip könnte auch heißen: »vom Groben zum Feinen« oder »nicht bottom up, sondern top down« oder »jeder Management-Report beginnt mit dem Summary« oder »argumentieren Sie deduktiv und nicht induktiv« – gemeint ist immer dasselbe.

- Seien Sie so **knapp und bündig** wie nur möglich. Vermeiden Sie Langatmigkeit, Redundanzen und raumgreifende Absicherung. Alles zu sagen, ist das Geheimnis der Langeweile! »Viele Verfasser glauben durch ellenlange Details den Nachweis erbringen zu müssen, wie schwer es war, das alles zusammenzutragen, den Leser interessieren aber nur die wesentlichen Schlüsse« schrieb mir der oben schon erwähnte Banker.

- Nach dem Bericht muss dem Leser klar sein, **was** er **jetzt tun**
  oder welches Thema er forcieren oder gar entscheiden muss.
  Nennen Sie das Kapitel »Nächste Schritte« oder »Entscheidungsanträge« oder »Wie weiter«, aber fügen Sie es in jedem Fall an
  – es ist nach der Information der handlungsorientierte Teil!

Ein letzter Hinweis betrifft die Berichtspyramide: Berichte müssen
adressatengerecht zugeschnitten sein. Wirklich! Wenn alle Stufen
die gleichen Unterlagen erhalten, gibt es an der Spitze einen
Riesenberg. Und das Arbeitszimmer eines solchen CEO sieht dann
in der Folge so aus:

Abb. 2: Berichte, vorverpackt für die Anlässe der nächsten Woche

Der **zweite Hauptpunkt** ist der, dass Sie im Wesentlichen für
Nicht-Kaufleute wie Juristen, Ingenieure, Ärzte und Logistiker
über betriebswirtschaftliche Sachverhalte schreiben. Das hat konkrete Folgen:

- Beachten Sie, dass es mit aufsteigender Hierarchie tendenziell
  ein Motto gibt: kurzer Text mit sehr wenigen Zahlen, **klare
  Aussagen mit stringenter Begründung,** next steps. Und weg
  mit all den Visualisierungen, die mit dem Text nur lose zusammenhängen und häufig nur Dekoration sind – gerade mal

eben unkommentiert »rangeklatscht«, da man sie schon mal hat. Gezielte Schlichtheit ist extrem wirkungsvoll.

- Vergewissern Sie sich, welches betriebs- und finanzwirtschaftliche **Vokabular** Sie voraussetzen können und setzen Sie im Zweifelsfall lieber weniger voraus als zu viel.
- Wenn doch betriebswirtschaftliche Fachbegriffe notwendig werden, sie sofort erklären, umschreiben respektive **definieren.** Wer vom »NOPATBI« spricht, stellt eine Hürde auf und selbst der »Net Operating Profit After Tax Before Interest« ist für viele noch ein beinahe so großes Sprachhindernis. Besser ist es hier vom »operativen Ergebnis« oder dem »operativen Ergebnis nach Steuern und vor Zinsen« zu sprechen und ggf. in einem beigefügten Glossar für den interessierten Leser präzise zu werden. Wenn ohnehin der NOPAT als das einzige »Standardergebnis« verwendet wird, reicht vielleicht auch »operatives Ergebnis« – sonst ist es auf Deutsch ähnlich kompliziert wie auf Englisch. (Allerdings ist an dieser Stelle auch zu vermerken, dass sich mittlerweile viele Firmen international ausrichten – auch in der Kommunikation mit den Investoren. Diese wollen dann eben einen NOPAT sehen, insofern müssen die Manager diesen Begriff kennen – auch wenn sie nicht exakt wissen, was NOPAT heißt oder wie er sich genau errechnet.)

Der **dritte Hauptpunkt** ist, dass Ihre Berichte ebenso gut verständlich sein müssen für langjährige Mitarbeiter wie für neu dazu Gestoßene. Hier angesprochen ist der Unterschied zwischen viel und wenig **Kontextwissen.** Auch das hat konkrete Folgen:

- Vergewissern Sie sich, welchen **internen Jargon** Sie voraussetzen können und setzen Sie auch hier im Zweifelsfall lieber weniger voraus als zu viel.
- Wenn Sie mit der größten Selbstverständlichkeit dieser Welt von M-Fee, dem LGAV, TAGU, Kundissimo und RFID sprechen, mag das für Sie als langjähriger Mitarbeiter eine Selbstverständlichkeit sein, für weniger lang in der Firma arbeitende eine Lektion und für nochmals andere ein Ärgernis. Wiewohl

ich weiß: Wer über den Jargon verfügt, signalisiert auch, dass er dazu gehört und wer im Umkehrschluss **dazu gehören** will, müsste möglichst schnell über den Jargon verfügen. Hier geht es um das weite Feld von Kultur, von innen – außen, von Grenzziehung und letztendlich Identität. »Einen von uns« erkennt man daran, dass er wie »einer von uns« spricht, denkt, fühlt.

■ Zur guten Verständlichkeit trägt dann aber auch die Leserou-
tine bei: Diese bedingt, dass Darstellungen, Grafiken, Tabellen und Beschriftungen **standardisiert** sind, so dass sich der Leser nicht jeden Monat neu orientieren muss.

Der **vierte Hauptpunkt** ist der, dass weiterführende Antworten auf die Aufforderung, sich an seiner Zielgruppe zu orientieren, unbrauchbar sind. Für einen Controller, der in einer konkreten Firma arbeitet, gilt es in den allermeisten Fällen, sich in seinem Berichtsstil an den Standards seiner Organisation zu orientieren. Also: Was sind im Hier und Jetzt die konkreten do´s and dont´s? Der pragmatischste Weg eine Antwort zu finden besteht darin, die »alten Hasen« zu fragen und es ihnen gleich zu tun. Wie heißt schon wieder das alte Sprichwort? »Wenn du wissen willst, wie du auf den Berg kommst, musst du jene fragen, die runter kommen.« Dann kann man später auf dieser Basis und durch Versuch und Irrtum immer noch punktuelle Verbesserungen sammeln und sie in einem Aufwasch einführen. (Und in seltenen Fällen und nach Abstimmung mit den Meinungsführern auch schon mal fundamentale Brüche vorschlagen und pilotieren.)

In dieses Kapitel »Leserkreis« hinein gehören auch einige Aspekte, wie sie unter dem Stichwort ›Visualisierung abgehandelt sind.

Die Struktur des Berichts ist nicht stringent

Bei der Arbeit an einem Bericht bewegen sich unsere Denkpro-
zesse mal top down, mal bottom up. Einmal arbeiten wir uns vom Abstrakten zum Konkreten vor, dann wieder umgekehrt vom Konkreten zum Abstrakten. Ob top down oder bottom up

erarbeitet, wichtig ist die finale Ordnung. Wichtig ist bei einem Bericht die **Grundidee der Pyramide** (im folgenden Teil *Minto 2005: 17ff*).

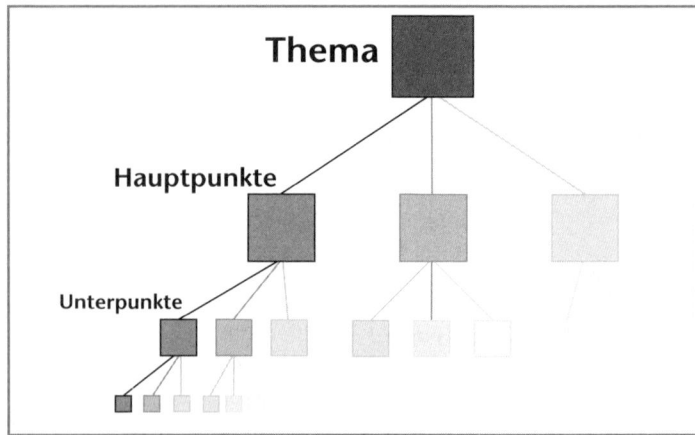

Abb. 3: Bericht als Pyramide

Für die Pyramidenstruktur gelten **drei Regeln**:

1. Jede Überlegung auf dem jeweiligen Abstraktionslevel muss die Zusammenfassung der darunter gruppierten Überlegungen sein.

Weil dem so ist, ist es auch äußerst zielführend, ein Projekt als Frage zu formulieren. Die ganze nachgelagerte Arbeit ist dann insgesamt eine Antwort auf diese Leitfrage. Das ist leicht gesagt – aber versuchen Sie es mal anhand von einem eigenen Fall! Erst dann merken Sie, wie schwierig das häufig ist mit der »einen Frage als Leitfrage für ein ganzes Vorhaben!«

2. Die Überlegungen innerhalb jeder Gruppe müssen einen gemeinsamen Nenner haben. So kann eine Gruppe Gründe beinhalten, warum etwas getan werden muss. Letztlich müssen Sie eine Gruppe mit einem Substantiv betiteln können: Gründe, Empfehlungen, Schritte.

Zwei Qualitätserfordernisse kennzeichnen die gelungene Gruppierung:

- Es gibt keine Überlappung mit anderen Gruppen – die Sache ist überschneidungsfrei;
- Es ist nichts Wichtiges vergessen worden – hier ist die Vollständigkeit angesprochen.

Wenn Sie also beispielsweise so eine Struktur sehen *(Hichert 2008: 23ff)*:

- »Der heutige Fokus unserer Investitionsbeurteilung liegt im Vergleich zukünftiger Rückflüsse mit den geplanten Kosten
  - Dieses Konzept vereinfacht zu stark
  - Seine software-technische Realisierung ist nicht zuverlässig
  - Die Datenschnittstellen sind überwiegend manueller Art
  - Es fehlen zum Beispiel die nicht quantifizierbaren Größen
  - Dieses Konzept kann zu falschen Empfehlungen führen«

… und darüber nachdenken, dann finden Sie sicher schnell heraus, dass es hier Verwerfungen gibt. So ist der letzte Punkt qualitativ etwas anderes – weder eine Feststellung noch eine Begründung, sondern eine Schlussfolgerung zum eingangs gestellten Thema. Weiter finden sich zwei eigentliche Unterpunkte auf dem scheinbar gleichen Abstraktionslevel. Um diese zwei Fehler korrigiert sieht die ganze Angelegenheit dann so aus:

- »Unserer System der Investitionsbeurteilung mit Vergleich von zukünftigen Rückflüssen und Kosten kann zu falschen Empfehlungen führen
  - Dieses Konzept vereinfacht zu stark (zum Beispiel fehlen die nicht quantifizierbaren Größen)
  - Seine software-technische Realisierung ist nicht zuverlässig (die Datenschnittstellen sind überwiegend manueller Art)«

Damit aber ist die Pyramidenstruktur noch nicht in sich abgerundet.

3. Die Ideen innerhalb einer Gruppe selbst müssen in sich geordnet sein und einen Denk- oder Argumentationsfluss abbilden.

Es gibt verschiedene Grundmuster, um zu ordnen:

- Schlussfolgernd: Haupt-Voraussetzung, Neben-Voraussetzung, Schlussfolgerung.

Hier gibt es zwei Wege schlussfolgernd zu argumentieren. Beim induktiven Vorgehen beschreiben Sie eine Gruppe von gleichartigen Tatsachen oder Ideen und treffen dann eine Aussage oder Folgerung über diese Gleichartigkeit. Wer zuerst die Ursachen aufführt und hernach die Wirkung beschreibt, argumentiert induktiv.

Die Deduktion führt zu einer Deshalb-Schlussfolgerung: »Wir wollen den ROI verbessern, deshalb müssen wir am Kapitalumschlag und an der Umsatzrentabilität etwas verbessern.«

- Chronologisch: zuerst dieses, dann jenes
- Vergleichend: Hier geht es um die Bedeutung von etwas – das Wichtigste, Zweitwichtigste, etc.
- Strukturell: Hier wiederum geht es um das Ganze und seine Teile. Z. B.: Wir haben insgesamt vier Stoßrichtungen, um zu wachsen *(Stamm 2008: 19)*:

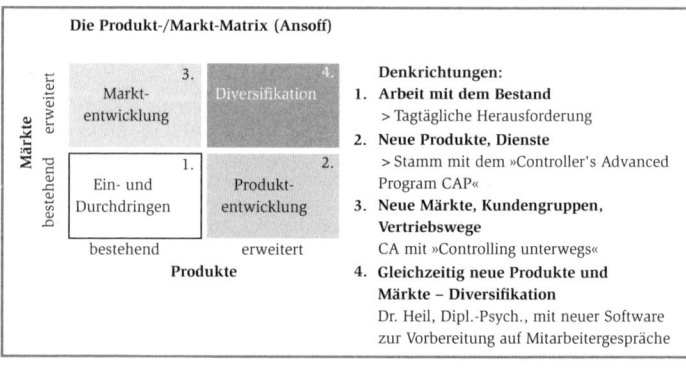

Abb. 4: Grundlogiken zum Wachstum

Eine gelungene Pyramiden-Struktur bildet in der Vertikalen einen Frage-Antwort-Dialog ab. Vom Schreibenden wird eine Frage aufgeworfen und genau diese Frage auch beantwortet. Dieses Muster zieht sich von oben nach unten durch. In der Horizontalen liegt die Begründung für etwas darüber Liegendes.

Zur Struktur gehört dann aber auch der **Einstieg.** Er schafft den ersten Eindruck. Ein gelungener Einstieg schafft Aufmerksamkeit und macht neugierig. Wie soll das gehen?
Bei der Arbeit an einem konkreten Thema gab es zu einem bestimmten Zeitpunkt eine Ausgangslage, bei der etwas schwierig oder nicht schlüssig war – es gibt im Negativfall eine Komplikation, im Positiven eine Option. Das führt zu einer konkreten Frage und diese Frage wird jetzt in diesem Bericht so und so beantwortet.

Die klassische Gestalt einer Problemlösungsstory ist also die: **Ausgangslage – Schwierigkeit respektive Chance – Frage – Antwort.** Das ist auch die klassische Form, schreibend (oder sprechend) zu starten und die Pyramide zielstrebig und konstruktiv aufzubauen.

Achten Sie in der Einleitung, dass Sie sich auf Dinge beschränken, die der Leser schon weiß respektive denen er zustimmen kann. Selbstverständlich ist die Länge der Einleitung abhängig von den Bedürfnissen des Lesers und den Anforderungen, die sich aus dem Thema ergeben.

Wie baut man die **Berichts-Pyramide handwerklich-konkret** auf?
1. Zeichnen Sie einen Kasten – er verkörpert die Spitze Ihrer Pyramide. Schreiben Sie dort hinein, welches Thema Sie diskutieren.
2. Welche Frage beantworten Sie? Stellen Sie sich Ihren Leser oder Zuhörer vor – welche Fragen möchte er wahrscheinlich am Ende Ihrer Ausführungen beantwortet haben?
3. Schreiben Sie die Antwort auf, wenn Sie Ihnen einfällt.
4. Skizzieren Sie jetzt die Ausgangslage und machen Sie zu Ihrem Thema eine erste nicht kontroverse Aussage. Was also können Sie zu Ihrem Thema sagen, so dass Ihnen der andere zustimmen kann? Zustimmen, weil er auch dieser Meinung ist oder es historisch unbestritten oder ganz leicht überprüfbar ist.

5. Entwickeln Sie jetzt die Schwierigkeit. Wenn Sie sich die Ausgangslage vergegenwärtigen und sich fragen »na und?« oder »so what?« wird Sie das mit großer Wahrscheinlichkeit zur Schwierigkeit und letztlich zur Frage hinführen.

6. Überprüfen Sie Frage und Antwort. Aus der Beschreibung der Schwierigkeit sollte unmittelbar die Frage hervorgehen. Die Frage, die Sie unter Punkt 2. ja schon beantwortet haben. Wenn es eine neue Frage geworden ist, korrigieren Sie Punkt 2. oder überprüfen Sie nochmals die Ausgangslage – so lange bis die Elemente zueinander passen. *(Minto 2005: 36)*

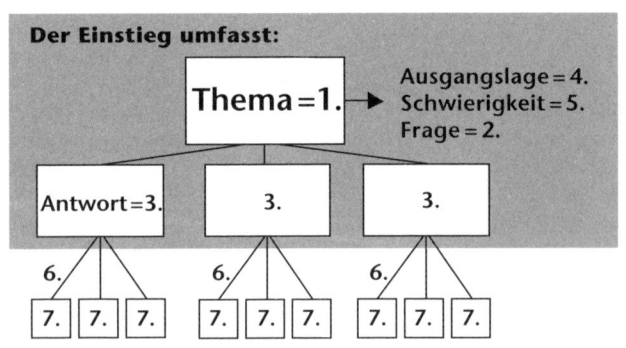

Der Einstieg umfasst:

Thema = 1. → Ausgangslage = 4.
Schwierigkeit = 5.
Frage = 2.

Antwort = 3.   3.   3.

6.   6.   6.
7. 7. 7.   7. 7. 7.   7. 7. 7.

Schreiben Sie in den obersten grossen Kasten
1. Welches Thema diskutieren Sie?
2. Welche Frage beantworten Sie Ihrem Zuhörer oder Leser?
3. Wie lautet die Antwort?

Machen Sie die Antwort passend mit Ihrem Einstieg
4. Was ist die Ausgangslage?
5. Was ist die Schwierigkeit?
2. Passen jetzt Frage und Antwort noch zusammen?

Finden Sie die Hauptpunkte
6. Welche neuen Fragen wirft die Antwort auf?
7. Entscheiden Sie das Grundmuster für Ihre Antwort und beantworten Sie die gestellten Fragen

Abb. 5: Leitfragen zur Entwicklung des Einstiegs

Diese Form des Einstiegs hat ein Ziel: Der Leser soll innerhalb kürzester Zeit zum Wesentlichen vordringen können und dort selbst entscheiden, ob er weiter lesen will oder nicht. Weil es so wichtig ist: Ein guter Bericht beginnt mit dem Management-Summary.

Zusammengefasst gestalten Sie als Berichtersteller den Einstieg und die Berichtsstruktur dann attraktiv und zielführend, wenn Sie folgende Prinzipien berücksichtigen:

- Erinnern Sie sich an die klassische Gestalt einer Problem-lösungsstory: Ausgangslage – Schwierigkeit / Chance – Frage – Antwort. Das ist ein attraktiver Aufhänger und Sie kommen, was für alle ungeduldigen Leser wichtig ist, schnell zu den prinzipiellen Antworten.
- Wenn möglich, fügen Sie dem Einstieg Chronologisches bei.
- Ein guter Einstieg hat mehr die Funktion zu erinnern, abzu-holen und noch nicht zu informieren.
- Bringen Sie im Einstieg nichts Strittiges sondern Dinge, denen Ihr Zuhörer oder Leser zustimmen kann.
- Machen Sie schon im Einstieg Ihre Hauptgedanken deutlich und zwar als Idee und nicht nur als abstraktes Stichwort.
- Arbeiten Sie sich vom Groben zum Feinen, also top down und nicht bottom up.
- Und erinnern Sie sich an das Sprichwort: »Ein Rennen geht oft am Anfang verloren!«

Die Gesamtstruktur Ihres Berichtes sieht dann wie auf der folgen-den Seite abgebildet aus *(Minto 2005: 54)*.

Die Formulierungen passen nicht, der Text ist unverständ-lich, missverständlich, schwer zu lesen

Es ist wichtig, sich in seinem Schreib- und Sprechverhalten immer wieder zu überprüfen und durch Feedback erst an Unsicherheit und dann später an Professionalität zu gewinnen. Lernprozesse laufen nicht geradlinig nach oben, Feedbacks verunsichern zu-

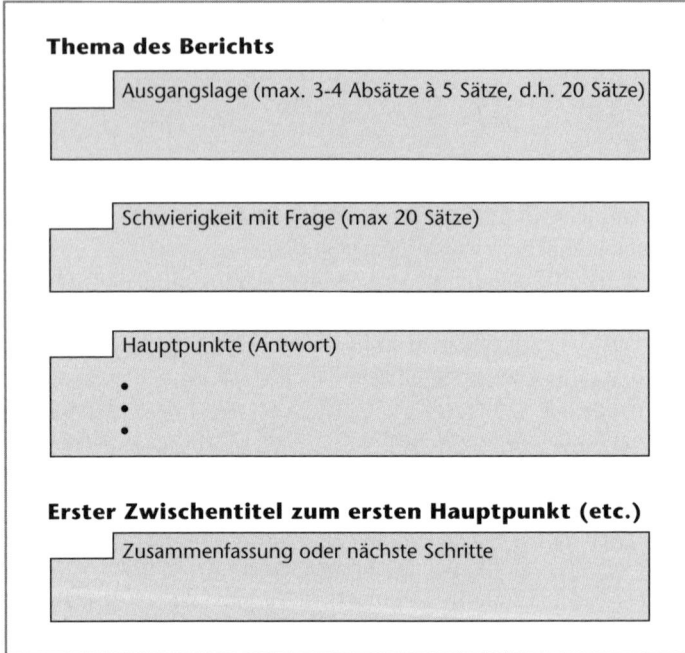

Abb. 6: Gesamtstruktur eines Berichts

nächst und wirken sich erst nach einer Inkubationszeit (hoffentlich positiv) aus.

Was aber sind für den Schreibenden und letztlich auch den Sprechenden solche Überprüfungskriterien? Was beispielsweise empfiehlt das »Hamburger Verständlichkeitskonzept«? In zahlreichen Untersuchungen konnten aus einer Vielzahl denkbarer Merkmale eines Textes vier Haupt-Verständlichkeitsmerkmale herausgefiltert werden. Die vier Gütekriterien für eine verständliche Sprache in Berichten und Präsentationen sind die Einfachheit, Ordnung, Prägnanz und Lebendigkeit. *(Langer et. al. 1973: 13ff sowie Apolin, Dissertation 2002)*

1. **Einfachheit:** Eigenschaften dieses Merkmals sind z. B. Satzlänge (einfache, kurze Sätze) und geläufige Begriffe;

wenn Fremdwörter verwendet werden, werden sie erklärt;
die behandelten Sachverhalte sind einfach dargestellt.

2. **Kürze und Prägnanz:** Ein verständlicher Text sollte in
   seinem Inhalt weder weitschweifig noch gedrängt erscheinen. Das Informationsziel sollte stets erkennbar sein. Ein
   zu weitschweifiger Text erschwert das Verständnis ebenso
   wie ein extrem knapper Text.

Es zeigt sich, dass diese beiden Merkmale hochsignifikant positiv
mit der Verständnis-Behaltensleistung einher gehen. Einfachheit,
Kürze und Prägnanz hängen insgesamt stark von der **Satzlänge** ab
– deswegen noch einige Hinweise dazu. Wie viele Worte also hat
ein durchschnittlicher Satz in Ihren Texten? Wie viele wo anders?

- 47 % der Sätze in der Bildzeitung haben 4 Wörter oder weniger;
- Obergrenze der optimalen Verständlichkeit liegt laut dpa bei
  9 Worten;
- Obergrenze für gesprochene Texte: 7 – 14;
- Empfohlene durchschnittliche Satzlänge: 10 – 15;
- Durchschnittliche Satzlänge in der Bildzeitung: 12;
- Durchschnitt im Johannes-Evangelium: 17;
- Obergrenze des Erlaubten bei dpa: 30;
- Durchschnitt im »Dr. Faustus« von Th. Mann: 31.
  (http://www.doppelkeks-ev.de/fileadmin/pdf/Erste_Medien-
  werkstatt/Schreibstil_Sandra_Thoms.pdf)

Die Satzlänge ist auch in Anbetracht der Tatsache wichtig, dass
sie über die Bereitschaft entscheidet, weiterzulesen.
Die Texte in diesem Buch habe ich immer wieder mit der Software »Wordinganalyser« überprüft. Dort kann ich u.a. einstellen,
wie viele Zeichen meine Sätze maximal beinhalten sollen. Was
dann zu lange ist wird unterstrichen. Das funktioniert wie ein
automatisiertes Feedback. Ich kann mir dann überlegen, ob das
in Ordnung geht oder ob ich den Satz überarbeite.

3. **Gliederung und Ordnung:** Texte können besser verstanden
   werden, wenn sie inhaltlich folgerichtig aufgebaut sind.
   Zentral dafür ist der rote Faden. Er zeigt, was wesentlich ist.
   Er muss erkennbar sein und durch optische Gliederung ins

Auge springen, z. B. durch Überschriften, Formatierungen und Aufzählungen.

4. **Lebendigkeit:** Anregende Zusätze wie Beispiele, Illustrationen, Analogien oder die persönliche Anrede des Lesers können die Verständlichkeit eines Textes dann verbessern, wenn sie wohlüberlegt eingesetzt werden. Es gilt eine Balance zu finden zwischen nüchtern und lebendig, eine Balance, die häufig sehr kontextabhängig ausfallen wird.

Diese vier Merkmale sind die zentralen »Verständlichmacher«. Das Konzept hat allgemeine Gültigkeit. Es ist im Wesentlichen unabhängig von Alter, Geschlecht, Bildungsstand, Intelligenz sowie der Art des Textes.

Eine erprobte Regel sich in diesem Zusammenhang leichter auf die Schliche zu kommen lautet: Was Sie laut gesprochen haben, können Sie besser überprüfen – und übrigens auch später leichter reproduzieren.

»Die Formulierungen passen nicht« – zu diesem Stichwort gehören dann aber auch alle **schwammigen Formulierungen.** Sie sind nicht treffend und lassen einen viel zu großen Interpretationsspielraum zu. Dieser ist von Person zu Person extrem unterschiedlich. Was verstehen Sie unter »wenig« Umsatzwachstum? Ist das 1 % oder sind es 5 % oder 10 %? Und was versteht der Leser eines Berichtes darunter? Ist das 1 % oder sind es 5 % oder 10 %? Zur Kategorie schwammig gehören Begriffe wie: suboptimal, unerwartet schnell, häufig, unter anderem, viel, maßgeblich, erfreulich, signifikant, schleppend, etc. und usw.

In diesem Zusammenhang schickte mir ein Manager freundlicherweise zwei Beispiele zu. Beispiele ohne Floskeln und faktenorientiert, so wie er es mag.

■ »Der Umsatz im Privatkundengeschäft lag im März 2,3 % über Budget. In den Grenzfilialen lag die Entwicklung bei 4,7 %. Der Trend hat sich in den letzten Monaten verstärkt (Chart S. 7). Die in 2007 eröffneten Filialen liegen immer noch zwischen 9 und 24 % unter Budget. Ein Maßnahmenplan wurde erarbeitet

(S. 9). Die Vorschau per Ende Jahr zeigt eine Abweichung von 64 Mio. Franken, 3,7 % über Budget.«

Bei Projekten lautete das so:

- »Der geplante Aufschaltzeitpunkt mit Voll-Last vom 22.4. verzögert sich um 20 Tage (neue Detailplanung S. 15). Es sind bei den ersten Volumentests am 5.3. Probleme bei der Einlagerung aufgetreten. Die Anlage überfüllte einzelne Regalgänge und deswegen konnte das Einlagerungs-Volumen nicht bewältigt werden. Die anstehenden Probleme wurden mit der Logistik AG besprochen (Protokoll S. 11f). Bis 1.4. sind 60 % der Pendenzen aufgearbeitet und am 10.4. werden die nächsten Volumentests durchgeführt. Die zusätzlich angefallen Kosten von TFr. 65 werden zu 70 % vom Anlagenlieferant übernommen (Details S. 9). Die Anlage wird neu am Montag 11.5. aufgeschaltet.«

Der Stil, wie ihn dieser Manager mag, kommt dem **journalistischen Bericht** sehr nahe. »Im Journalismus versteht man unter Bericht eine möglichst objektive Darstellung von Ereignissen, Zusammenhängen oder Fakten, ohne dass sie kommentiert werden. Anders als im Kommentar oder der Reportage, in der auch »Atmosphärisches« erlaubt, ja gewünscht ist. Ein guter Bericht ist kurz, knapp, allerdings ohne zu verknappen. Er wählt zwischen Wichtigem und Unwichtigen aus und stellt eine Hierarchie der Fakten her. Im Bericht braucht man für den Anfang keinen »Teaser« oder »Aufmacher«, man holt sich die Aufmerksamkeit des Lesers oder des Publikums über die Präzision.« *(Silvia Barkhausen-Rustige, Dozentin für Kommunikation, in einer E-Mail.)*

Über die Präzision? Deswegen heißt prägnant und stimmig sein auch noch logisch zu argumentieren. **Logisch argumentieren** tun Sie dann, wenn Sie sich an der Pyramiden-Struktur orientieren. Darüber hinaus bedeutet Argumentation (lat. argumentum): Beweisstück. Ein ordentliches Beweisstück besteht aus den drei Kernelementen behauptender Obersatz, Beweisgrund und Beispiel. Diesen Dialogweg nennen die Dialektiker konstruktiv und heben ihn ab gegen den offensiven. Ihm ist eigen, dass das Gegenüber den eigenen Standpunkt nicht nennt und ausschließlich die Argu-

mentation des anderen angreift und kritisiert. Ein konstruktiver
Dialog aber setzt voraus, dass These und Antithese deutlich formuliert werden, dass die Hintergründe, die zu einer Folgerung führen, offen gelegt werden. Nur dadurch entsteht beim Leser Sinn
und Bedeutung. Deswegen: Argumentieren Sie in Ihren Berichten
wo immer möglich durch eine deutliche Aussage, die Sie begründen und fallweise noch mit einem Beispiel verdeutlichen.

Sich bewusst sein: Es wird zwischen den Zeilen geschrieben, aber auch gelesen

Das kann man als Warnung verstehen oder als handwerklichen
Hinweis. Die Andeutung, der sanfte, hie und da auch doppelbödige
Hinweis bis hin zur bewussten Auslassung gehörte schon immer
zur hohen Schule der Beziehungsgestaltung über und durch die
Kommunikation.

Gegenstand von Andeutungen kann nicht nur das Thema selbst
sein, sondern auch der Berichtsempfänger und Berichtersteller –
etwa wenn er seine Haltung einfließen lässt oder sie leise andeutet,
bewusst oder unbewusst. Oder wenn er mithilfe der Referenzme-
thode argumentiert und dabei just auf solche Referenzen zurück-
greift, die der Berichtsempfänger selbst schätzt oder ablehnt.

Ein Manager, mit dem ich in verschiedenen Projekten seit vielen,
vielen Jahren zusammenarbeite und den ich inzwischen sehr gut
zu kennen glaube, lehnt beispielsweise »Management-Gurus« oder
Ideen, die von solchen Gurus kommen, ab – zumindest ist er dann
doppelt aufmerksam und dreifach skeptisch. Er will eigenständiges Denken, eigenständige und firmenspezifische Lösungen. Sie
können sich vorstellen, was diese Grundhaltung für den Berichteschreiber bedeutet: Führt er einen Vorschlag auf »Professor Doktor
Malik vom Management Zentrum St. Gallen« zurück, hat er
schlechte Karten. Allein »Professor Doktor Malik vom Management Zentrum St. Gallen« oder ein zusätzliches Etikett wie »Vor-
denker« baut so viele Hürden auf, dass sich der Rest wie von
selbst erledigt. Umgekehrt funktioniert die Sache natürlich auch:
Sie wollen einen Vorschlag eines anderen abschießen und argu-

mentieren dann in Ihrem Gegenbericht so: »Genau dieselbe Vorgehensweise schlägt ja auch der Management-Guru Professor Doktor Malik vom Management Zentrum St. Gallen vor!« Und die Dinge nehmen ihren Lauf.

Das Feld für solche Finessen ist weit, beginnt bei den Formalien – wie jemanden im Empfängerkreis »vergessen« –, geht zu Tolpatschigkeiten – etwa Formulierungen wie »Wir haben versucht die Daten aus 2009 zu analysieren« und reicht letztlich bis zur Manipulation. Der Hinweis für den Berichteschreiber kann an der Stelle nur heißen: Am Schluss den Text gut durchlesen, möglichst laut gesprochen, und sich fragen: Will ich das so? Passt die Tonalität? Wie würde ich reagieren, wenn ich diesen Bericht erhielte? Häufig ist, gerade in unserer hektischen Zeit, eine Ruhephase von einer Nacht für jeden Text sehr bekömmlich.

Tipps und Tricks zum Prozess des Schreibens

Controller sind im Normalfall weder sprachgewaltig noch stilistisch eloquent. Das wird auch in den wenigsten Fällen von ihnen erwartet – außer vielleicht sie schreiben im Auftrag ihres Finanzchefs – sorry, ihres CFO – für Analysten und andere externe »Stakeholder«. Für den Ottonormalcontroller ist es nützlich, sich den Prozess des Schreibens in Phasen vorzustellen.

Im Normalfall haben Sie über Zahlen gebrütet, Daten ausgewertet und haben Auffälligkeiten nachgespürt. Daraus ergeben sich einige Erkenntnisse: Aussagen oder weiterführende Fragen. Nach dieser Sammelphase – die Sie gleich elektronisch dokumentieren – braucht es eine (vorläufige) Struktur. Hier wiederum, bei den Themen Struktur, Systematik, Ordnung, Perfektion, Absicherung ist der Controller zu Hause und hat sein Heimspiel.

Sobald Sie eine erste, grobe Ordnung gelegt haben, legen Sie möglichst schnell los und beginnen die Buchstaben in Ihren PC oder Laptop rein zu klopfen. Denn es ist so: Wer einfach mal losgelegt hat, legt damit die Basis für nachträgliche Verbesserungen, Ergänzungen, Verfeinerungen beim Inhalt oder der Struktur – meistens aber bei beidem. Es ist schlichtweg wichtig, erst einmal tatsächlich seine gesamten Gedanken auf dem Bildschirm sichtbar zu machen. Verfeinerungen, plausiblere Argumentationen, treffendere Beispiele, eine logischere Struktur – all das wird gerade erst möglich durch den Mut zum ersten Wurf. Tun Sie ihn, so unvollkommen er am Anfang auch sein möge.

Einer der besten Tricks, um im Schreibprozess selbst drin zu bleiben, habe ich von meinem Freund und Arbeitskollegen Stefan Titscher. Er riet mir bei einem Gespräch zu diesem Thema dazu, bei Pausen (Essen, Nachtruhe, Unterbruch wegen anderen Arbeiten) mitten im Satz aufzuhören und nicht wie es viele von uns tun – und auch ich bis dahin tat – einen Gedanken, einen Absatz oder ein Kapitel abzuschließen. Mitten drin aufhören – bei mir klappt dieser Tipp wunderbar. Weswegen? Es ist schwer zu sagen, aber alles, was unvollständig ist respektive absichtlich unvollständig gelassen wird, beschäftigt uns irgendwie weiter – es ist ja noch nicht fertig! – und zieht uns in den Text zurück. Es ist »der Drang, die Sache rund zu machen«, der umso mehr zu wirken scheint, je eckiger man aufhört – mitten im Satz, ja mitten in einem Wort. Was wohl für manchen ordnungsliebenden Controller eine echte Herausforderung ist – für mich jedenfalls war es eine und: Sie war produktiv!

Außer relativ schnell mit Schreiben anzufangen und »unvollendet aufzuhören« ist der Rat Gold wert, den Text ruhen zu lassen und dann nochmals ein, zwei Mal zu überarbeiten. Oft reicht zum Setzen lassen eine Nacht oder ein Wochenende – wiewohl mir klar ist, dass das in vielen Fällen graue Theorie ist – außer man kann zeitig genug damit anfangen oder hat ein Quartalsende erwischt, das von den Wochentagen her günstig liegt.

Der Inhalt des Stichwortes »Berichte« entspricht stellenweise den Ausführungen in: Titscher/Stamm: Erfolgreiche Teams. Linde-Verlag Wien 2006

→ Tipp:

Controller sind nun mal einen guten Teil ihrer Arbeit damit beschäftigt, sich Daten anzuschauen und daraus Präsentationen zu erstellen und/oder Berichte und berichtähnliche Texte zu schreiben. Diese Kompetenz wird bei ihnen sowohl im »Running business« (Monatsreports) als auch bei Sonderaufgaben (Projekte) abgerufen. Ich halte es daher für sehr zielführend und professionell ergiebig:

■ Das wunderbare Buch von Barbara Minto zu kaufen und auch durchzuarbeiten. Selten habe ich in dieser Dichte und Stringenz über ein Sachgebiet einen dermaßen klugen und umfassenden Text gelesen! Wer sich mit diesem Buch beschäftigt, tut etwas für sich und seine Leistungsfähigkeit als Controller – definitiv!

■ Die passende Ergänzung dazu sind Grafiken und Tabellen. Dazu gibt es einen dreitägigen Workshop bei der Controller Akademie zum Thema »Managementberichte«, der fast schon legendär ist und vom Visualisierungs-Papst Rolf Hichert entwickelt wurde. Für mich persönlich: ein Muss! Ich habe die Herausforderungen genossen und wusste danach: Bei diesen Excel-Anwendungen hisse ich die weiße Fahne! www.controllerakademie.de

■ Die Software »WORDINGanalyzer« ist für Vielschreiber oder an der Perfektion ihres Schreibens Interessierte eine äußerst lohnende Investition!

B

Brainstorming

Brainstorming kommt zum Einsatz, wenn Ideen gesammelt werden. Typisch für solche Suchphasen ist, dass sie Mut zur Komplexität erfordern. Das heißt, man darf sich von der Ideenfülle nicht erschlagen lassen, muss also unbedingt die Bewertung zurückstellen. Das kommt in den **Regeln** des Brainstormings klar zum Ausdruck:

- Nicht bewerten: keine Kritik üben!
- Keine Zustimmung äußern! (Negative Äußerungen bremsen die Assoziationen, Positive lenken in eine Richtung.)
- Freies Spiel der Gedanken und Herumspinnen sind erwünscht! (Keine Zensur in der Phase der Ideenfindung!)
- Menge vor Qualität! (Hinter dieser Auffassung steht die Ansicht, dass mit zunehmender Anzahl der Meinungen auch die Wahrscheinlichkeit steigt, dass sich brauchbare Ideen darunter befinden.)

Nach der (dokumentierten) Ideensammlung sollten die Ideen kombiniert und verbessert werden. Wann ist die Ideensammlung zu Ende? Nicht dann, wenn der Erste sagt: »Ich glaub, uns fällt nichts mehr ein.« Das wirkt wie eine Nadel im Luftballon, das ist der Punkt, den der Moderator überwinden muss. Deshalb, weil erfahrungsgemäß nach dem ersten Schub an Ideen die Gruppe nochmals einen Anlauf nimmt und weitere Gedanken produziert.

Von dieser Grundform gibt es einige Abwandlungen, wie beispielsweise ein schriftliches oder ein elektronisches Brainstorming. Letzteres eignet sich auch für virtuelle Teams und bietet Besonderheiten, die manchmal Vorteile bringen: Die Teilnehmer können ihre Ideen anonym eingeben und sehen zugleich alle anderen Beiträge. Es gibt auch Belege dafür, dass beim elektronischen Brainstorming die Qualität mit zunehmender Gruppengröße steigt. *(Furnham 2000: 27)* In der traditionellen Version sollten an so einer Sitzung mindest 5 und nicht mehr als 7 Personen teilnehmen; im virtuellen Arrangement sind 12 und mehr Personen besser.

Ein »negatives« Brainstorming ist sinnvoll, wenn die Ausgangsfrage schon oft wiedergekäut wurde. Hat man sich etwa mit der Frage zu befassen, wie wir mehr Kunden in unser Geschäft bringen können, so würde das Brainstorming von der Umkehrung ausgehen. Die Beteiligten würden dann gefragt, wie wir Kunden abhalten können, ins Geschäft zu kommen.

Brainstorming gilt als eine der ältesten Methode der Ideenfindung: Sie wurde in den 40er Jahren publiziert und ist wahrscheinlich eine der am häufigsten praktizierten. Die Ergebnisse zum Erfolg der Methode sind allerdings widersprüchlich, wie aus Analysen empirischer Studien hervorgeht. (Rickards 1999) (Paulus 2000) Drei Argumente werden gegen den Nutzen von Brainstorming angeführt: 1. Die Anwesenheit anderer kann zur Selbstzensur führen; sie wirkt sich als Denkbarriere aus. 2. Die Möglichkeit des »Trittbrettfahrens« demotiviert die Leute. 3. Die beschränkte Redezeit und die wiederholten Unterbrechungen durch Ideen anderer führen zu wechselseitigen Blockaden. *(Chirumbolo, et. al 2005: 64)* Der erste Einwand bedeutet, dass Teams eine gewisse Vertrautheit haben müssen, bevor das Verfahren wirksam werden kann. Anders ausgedrückt: Der Erfolg des Brainstormings hängt von der Entwicklung ab, die das Team bis dahin genommen hat. Das zweite Argument kommt von Forschern, die der Ansicht sind, Drückebergerei sei in Gruppen häufig der Fall. Der dritte Vorbehalt ist mehr technischer Natur. Er ist bei der Moderation zu berücksichtigen und bei der Einleitung des Brainstormings zu besprechen. Die elektronische Variante der Ideenfindung wird auch deshalb so positiv beurteilt, weil dieser Einwand dort nicht gilt.

Aber es gibt offensichtlich gute Gründe, diese Technik einzusetzen: Man glaubt, dass Erfahrungen und Kenntnisse der Teilnehmer sehr rasch und mit wenig Aufwand gebündelt werden und die

Akzeptanz der auf diese Art gefundenen Entscheidungen steigt. *(Furnham 2000: 27)*

Die vier einfachen Grundregeln werden in der betrieblichen Praxis allerdings nur selten eingehalten. Das Verfahren ist auch keine Angelegenheit, die man einfach zwischendurch abwickeln kann. Allein für die Sammlung der Einfälle muss man etwa 20 Minuten ansetzen, für die anschließende Auswahl und Bewertung sehr viel länger. Bevor man Schlüsse zieht und Entscheidungen trifft, sollte eine Reflexionspause eingelegt werden. Zumindest bei sehr wichtigen Themen ist eine kurze Einzelarbeit empfehlenswert, bei der man sich die Ergebnisse nochmals durch den Kopf gehen lässt.

Der Inhalt des Stichwortes »Brainstorming« entspricht weitgehend den Ausführungen in: Titscher / Stamm: Erfolgreiche Teams. Linde-Verlag Wien 2006

E

Entscheidung

Ein Team produziert am laufenden Band kleine und große Entscheidungen. Folgende Mini-Episode zeigt es schon: Welche Informationen werden benötigt, wer kann sie beisteuern, auf welchem Weg sind sie zu beschaffen, bis wann müssen sie vorliegen? Wer muss in welcher Form und in welchem Umfang über die Informationsbeschaffung informiert werden? Muss überhaupt irgendwer?

Entscheidungen spielen in jedem Stadium des Problemlösungsprozesses eine Rolle. Letztendlich müssen die Lösungsideen aber bewertet werden, um zu einer Empfehlung und zu einem Entscheid zu kommen. Folgt man den Vorschlägen, dass es in der Ideenfindungsphase vor allem auf die Quantität ankommt, so verschärft sich die Frage, wie man aus dem ganzen Wust nicht nur etwas Brauchbares, sondern etwas hinreichend Gutes oder gar Optimales herausfiltern soll.

Das Augenmerk liegt in den folgenden Passagen zunächst darauf, wie Teams zu solchen Entscheidungen kommen und darauf, die unterschiedlichen Folgen auf dieses »Wie« zu beleuchten. Danach folgt ein allgemein abstrakter Teil zum unangemessenen Umgang mit Problemen. Er bereitet die darauf folgenden zwei Gedanken vor, bei denen es um jeweils Spezifisches zum Entscheidungshandeln beim Individuum und im Team geht. Zu diesem ganzen Themenkomplex liegen inzwischen empirisch gut abgesicherte Erkenntnisse und ganz handfeste Hinweise vor. Beide Themenpakete, also Individuum und Team, werden abgeschlossen mit praktischen Hinweisen, wie und wodurch Sie Entscheidungen verbessern können. Im letzten Teil wird es dann vollends handwerklich. Ich stelle Ihnen einige exemplarisch verstandene Werkzeuge vor, mit denen Sie und Ihr Team mehr formale Transparenz in Entscheidungs-Situationen hinein einbringen. Das immer unter der – hie und da naiven – Annahme, dass eine solche Transparenz auch erwünscht ist.

- Welche Arten zu entscheiden existieren in der Praxis?
- Unangemessener Umgang mit Problemen
- Individuelle Verhaltensweisen, die zu Entscheidungsfehlern führen
- Gruppenprozesse, die zu Entscheidungsfehlern führen
- Was verbessert Entscheidungen?
- Mehr Entscheidungstransparenz durch formale Instrumente

Entscheidungen sind Wegmarken. Dass Entscheidungen zum jeweils spätesten Zeitpunkt gefällt werden sollen, um sich so lange wie möglich alle Handlungsoptionen offen zu halten, ist ein wichtiger Punkt. Was aber ist darüber hinaus noch bedenkenswert?

Welche Arten zu entscheiden existieren in der Praxis?

Es geht in diesem Abschnitt darum, die verschiedenen Entscheidungsprozeduren transparent zu machen und ihre jeweiligen Vor- und Nachteile gegeneinander abzuwägen. Und es geht auch darum, für einen bewussten Umgang mit einer gerade gewählten Entscheidungsprozedur zu plädieren. Einen bewussten Umgang der gerade bedingt, über die Vor- und Nachteile der unterschiedlichen Vorgehensweisen nachgedacht zu haben.

- **Konsensentscheidungen** sind in Teams mit der empfohlenen Größe (rund 5 Personen) prinzipiell allen anderen Formen vorzuziehen. Den Nachteilen (mühselige, lange Diskussionen und ein ungewisser Ausgang) stehen Vorteile gegenüber, die bei wichtigen Entscheidungen die Kosten allemal aufwiegen: Das Team steht hinter dem Beschluss, die Entscheidung wird weniger leicht umgestoßen und sie ist besser durchdacht als in anderen Fällen. Konsens heißt nicht, dass alle von der Lösung begeistert sein müssen. Jeder Einzelne muss damit leben können und das heißt, sie gerade auch außerhalb des Teams ohne Wenn und Aber vertreten zu können. Das verweist auf die Besonderheit von Konsens: Worüber soll man noch sprechen, wenn man sich einig ist? Das Thema ist erledigt, abgehakt, man muss, um weiter reden zu können, zum Nächsten übergehen.

Der Teamleiter sollte immer Konsensentscheidungen anstreben und für den Notfall andere Techniken im Köcher haben.

- Eine Entscheidung durch **Abstimmung**, durch Hand heben und Stimmen zählen, ist ein derartiges Netz, ein grober Notnagel. Teams sollten nur dann abstimmen, wenn die Zeitvorgabe von außen hohen Druck verursacht und andere Formen in Anbetracht der Uneinigkeit nicht möglich sind. Zwei Vorbedingungen gilt es zu beachten: Das Team muss sicher sein, dass es die Entscheidung notfalls auch ohne die in der Abstimmung unterlegenen Mitglieder vertreten oder gar umsetzen kann. Und der Teamleiter muss wissen, wie man nach der Entscheidung vorgeht, damit die überstimmten Mitglieder nicht in die Defensive geraten oder gar das Team boykottieren.

- Manchmal empfiehlt es sich, Arbeitspakete in **Subgruppen** zu bearbeiten; dann fallen dort auch Entscheidungen. Das setzt voraus, dass die Untergruppe über alle erforderlichen Informationen verfügt, der Entscheidungsspielraum vorher im Gesamtteam festgelegt wurde und die Subgruppe mit den Folgen der Entscheidung notfalls selbst fertig wird.

- **Einzelentscheidungen** sind für Teams keine angemessene Technik. Es kann allerdings vorkommen, dass der Teamleiter in einer Besprechung mit dem Auftraggeber oder dem Kunden zu Zugeständnissen genötigt wird. Dann muss er diese vor dem Team vertreten.

Nochmals sei erinnert: Es gibt nicht die absolut beste Vorgehensweise. Was jeweils richtig ist, muss zum Thema, zu den agierenden Leuten und zur Unternehmenskultur passen. Wichtig ist, einen reflektierten Umgang mit seinen Entscheidungsgewohnheiten zu pflegen. Wichtig ist, in einem Team dann und wann zu reflektieren, welche Methode man für welche Aufgaben und in welchen Situationen heranzieht. (>Feedback)

Unangemessener Umgang mit Problemen

In Drucksituationen neigen Einzelpersonen und Teams zu »intellektuellen Notfallreaktionen«: Angriff, Flucht oder Resignation. *(Im Folgenden: Titscher/Königswieser 1985: 119ff)*

Beim **Angriff** handelt es sich um eine meist primitive Reaktionsform, bei der Nebenfolgen unberücksichtigt bleiben. Lösungskapazität wird durch Macht ersetzt. Man weiß, dass man zuwenig weiß und dem Problem nur durch »Vergewaltigung der Komplexität« Herr wird. Mit der Axt im Walde wird hier rigoros entschieden. Zu diesen Reaktionsweisen gehören auch jene Taktiken, die gängigen Faustregeln folgen, wie z.B.: Lieber eine schnelle Entscheidung als gar keine.

Fehlentscheidungen sind auch wahrscheinlich, wenn **utopische Lösungsversuche** unternommen werden. Damit ist der Versuch gemeint, Unlösbares lösen zu wollen oder die Realität zu verbiegen und zu Recht zu rücken. Dieses »mit dem Kopf durch die Wand« zu wollen, liegt dem Angriff sehr nahe und bedeutet ebenfalls, dass man dem wahrgenommenen Hindernis viel Energie entgegensetzt.

Die **Vermeidungsvarianten** werden bei Janis & Mann (1977) genauer beschrieben. Aufschieben bedeutet, eine Entscheidung auf der Zeitachse in die Ferne zu rücken. Abstützen liegt vor, wenn man entscheiden muss, jede Lösung aber unangenehm ist und die gewählte Alternative verzerrt wahrgenommen und zu rosig dargestellt wird. In einer besonderen Variante erscheint diese Taktik, wenn sie als Rückgriff auf bereits getroffene Entscheidungen betrieben wird. Man stützt sich dann auf bereits Bewährtes und vermeidet eine sachgerechte Prüfung möglicher Alternativen. Abschieben gelingt, wenn man die Entscheidung auf der sozialen Dimension auslagern kann. Unangemessene Delegation oder Rückdelegation sind jedem bekannte Beispiele.

Fluchtreaktionen sind von Angstgefühlen begleitet. Der unter übergroßen Erwartungsdruck gesetzte Entscheider zieht sich aus dem Problemfeld zurück. Wechsel des Realitätsbereichs liegt in den Fällen vor, bei denen man sich vom ängstigenden Thema ab- und harmloseren Dingen zuwendet. Der horizontale Rückzug bezeichnet die ausschließliche Beschäftigung mit einem Aspekt des Entscheidungsproblems, eben dem, den man gut beherrscht. Flucht in die Erinnerung oder Traumwelt wird als vertikaler Rückzug bezeichnet. Von diesen Handlungsweisen abgesehen, kann Flucht auch physisches »aus dem Feld gehen« bedeuten: aufspringen und aus dem Zimmer stürzen oder ein Gespräch undramatischer, aber eben fluchtartig, beenden. Krankenstände, Abwesenheiten und Fluktuation können ebenfalls Vermeidungs- verhalten sein.

Leugnen ist ein unbewusstes Abwehrverhalten, mit dem man sich vor der bedrohlichen Situation zu schützen sucht. Verleugnet wird die zu bedrohliche Realität. Alle Warnsignale der Umwelt bewirken nur, dass man wegschaut, kein Signal wird als ernste Bedrohung ausgelegt.

Die beiden zuletzt beschriebenen Verhaltensweisen können ebenso wie **Resignation** nicht mehr als Versuche gewertet wer- den, die Realität noch irgendwie positiv zu beeinflussen. Die Reaktionsweisen sind defensiv, nur mehr auf Verteidigung der eigenen Person abgestellt. Die Wahrnehmung wird reduziert. Man kann sich nur mehr schützen, indem man den Kopf in den Sand steckt. Der Druck ist zu gewaltig, um ihm noch etwas entgegensetzen zu können. Längere Überforderung kann in »ge- lernte Hilflosigkeit« münden, was bedeutet, sich den Problemen auszuliefern. Dieses Verhalten ist dann »ökonomisch«, wenn das Individuum oder Team keine Chance sieht, die Kontrolle über die Situation wieder zu gewinnen. Die Entlastung ist aber nur momentan und nicht auf Dauer geglückt, da diese Extremform von Nicht-Entscheiden den Lauf der Dinge nicht aufhalten kann.

Individuelle Verhaltensweisen, die zu Entscheidungsfehlern führen

Erfahrung zu haben ist eine wunderbare Sache. Und sie ist gleichzeitig heimtückisch. Sie verführt uns zu schnellen Entscheidungen auf der Basis einiger weniger abstrakter Regeln. Diese sind die Essenz aller Erfahrung. Die Vielfalt und Individualität der jeweiligen Entscheidungssituation wird dabei zwangsläufig radikal vereinfacht. Erfahrung verschafft schließlich Überblick und Durchblick! Die Wahrnehmung reduziert sich auf einige wenige stereotype Merkmale. Noch verhängnisvoller: Die Vorliebe für einen bestimmten Entscheid beeinflusst unsere selektive Suche und Auswahl relevanter Daten. Wahrnehmungs-, Denk- und letztlich Entscheidungsschablonen entstehen und haben zur Folge, dass die jeweils spezifische Ausgangslage nur flüchtig in Augenschein genommen, aber schnell (und falsch?) entschieden wird. Zeit ist Geld und viel Zeit viel Geld. Dabei bleiben Alternativen unentdeckt, Optionen werden nicht bedacht, mangels Erinnerung verkommen alte Erfahrungen zum ungenutzten Schatz. Nebenwirkungen werden vollständig ignoriert und geschätzte Zeitbedarfe fallen völlig unrealistisch aus.

All diese individuellen Fehleinschätzungen speisen sich aus **fünf Quellen** (Kahnemann & Tversky, Festinger). Wir neigen dazu:

- Aufgrund von Ähnlichkeit zu urteilen und unterschätzen die Unterschiede;
- Etwas für umso häufiger/wahrscheinlicher zu halten, je besser wir uns an einen Fall dieser Art erinnern;
- An die Realität mit Vor-Urteilen heran zu gehen;
- Einzelereignisse zu stark/schwach zu bewerten statt Trends/Muster wahrzunehmen;
- Dissonanzen zwischen uns und der Welt zu vermeiden. Sei es, dass wir unsere Wahrnehmung relativieren oder gar leugnen, sei es dass wir die Aussagen der anderen ignorieren, bagatellisieren, relativieren, niederbügeln oder entwerten.

Es macht gelegentlich viel Sinn, sich diesen Spiegel individueller Entscheidungsfehler vor sein Gesicht zu halten um über die eigenen Neigungen und Tendenzen nachzudenken.

Gruppenprozesse, die zu Entscheidungsfehlern führen

Dass die teaminternen Prozesse auf den Arbeitsoutput wirken, dürfte zum Erfahrungshintergrund jedes Einzelnen gehören. An dieser Stelle sei von einigen Phänomenen kurz berichtet, die empirisch gut erfasst sind. Bereits die Kenntnis dieser Muster hilft, sie zu erkennen, sie zu benennen und mit ihnen einen bewussten Umgang zu pflegen.

Unter dem »Groupthink« Phänomen *(I. Janis, 1982)* werden verschiedene Interaktionsmuster zusammengefasst, die alle letztlich zu einer scheinbar einmütigen Entscheidung führen verbunden mit der überhöhten Gewissheit, richtig zu liegen. Die Einengung der Gruppe durch die Gruppe ist bei Groupthink das zentrale Thema. Dazu gibt es Variationen. Beispielsweise führt die »Illusion der Unverwundbarkeit« in einer Geschäftsleitung dazu, Außenstehende mit anderen Meinungen zum gleichen Thema stereotyp abzuwerten. Sie sind dann regelmäßig »schwach«, »halbseiden«, »überfordert«, »ohne Durchblick« oder »zweite Liga«. Was dazu führt, dass sich die Abwertenden nicht mit den Argumenten der Abgewerteten beschäftigen müssen. »Wahrnehmungsverengung«, eine weitere Variation, führt dazu, dass die Informationsbasis schmaler und schmaler, enger und enger wird. Wagt es jetzt ein Gruppenmitglied, andere Informationsquellen zu erwähnen oder anderer Meinung zu sein, wird er verbal und/oder nonverbal »abgestraft« und unter Druck gesetzt. Das wiederum hat zur Folge, dass Gruppenmitglieder wohlüberlegt abwägen, was sie zu wem und auch wann sie etwas sagen. Janis nennt das »mind guards«, was nichts anderes ist als eine innere Zensurbehörde, die wohl abwägt, was zu sagen jetzt noch opportun ist. Die Meinungsvielfalt entsteht dann beispielsweise nicht in der Sitzung, sondern draußen auf dem Gang – jetzt allerdings irrelevant für die Entscheidung selber.

Reber fasst die Testergebnisse zu »Groupthink« so zusammen *(1995, Sp. 1945 – 1958)*: »Die Mitglieder der beobachteten Gruppen sprachen nur selten aus, was sie dachten, wenn es um wichtige Fragen ging und sie annahmen, dass ihre Beantwortung für ein Mitglied eine Bedrohung darstellte. Sie zogen es vor, »diplomatisch« zu sein. Unter diesen Bedingungen kommt es dazu, dass Informationen über unwichtige Dinge ungeschminkt weitergegeben werden. Bei der Diskussion wichtiger Themen war es schwer, exakte, vollständige und offene Informationen zu erhalten. Ebenso kam es nur selten vor, dass den Verantwortlichen die Wahrheit gesagt wurde, wenn sich eine Entscheidung als Fehlschlag herausgestellt hatte. Insgesamt bleibt festzuhalten, dass es in den beobachteten Gruppen nur selten gelang, auf wichtige Fragen eine qualitativ hochwertige Antwort zu finden. Die geringe Qualität der akzeptierten Lösungen führte dazu, dass die Entschlüsse nicht lange aufrechterhalten werden konnten und daher die gleichen Probleme immer wieder zur Debatte standen.«

Mit dem Begriff »**Konformitätsdruck**« und umfangreichen Experimenten wies Solomon Ash (1952) darauf hin, dass es schwer fallen mag, nach einigen Meinungsäußerungen, die alle in dieselbe Richtung gehen, eine davon abweichende Position aufzubauen und zu vertreten. Ich verhalte mich konform, unterdrücke notfalls meine Sicht der Dinge. Besonders unsichere, so wie junge und ältere Personen sowie Frauen scheinen besonders anfällig für das Phänomen zu sein.

Wenn der Konformitätsdruck unter sozial Gleichrangigen schon ein Thema ist, so wird es noch verstärkt durch Hierarchie und autoritäres, Angst auslösendes Gehabe. Die Experimente von Stanley Milgram *(2004)* in den 60er Jahren über die »**Gehorsamsbereitschaft gegenüber Autoritäten**« sprechen da Bände! Der Versuchsleiter (ein »Herr Professor« im weißen Kittel) wies dabei die Testpersonen an, immer höhere Stromstöße an andere Personen (die etwas lernen sollten) zur Strafe zu verabreichen. Rund 70 % der Leute gingen dabei über 375 Volt, obwohl sie ein Schild auf die ernsthafte Gefahr hinwies. Leicht über 60 % der Versuchspersonen gingen gar bis zum Äußersten: 450 Volt!

Dieser ganze situative Entscheidungsdruck kann aber nicht nur über Autoritäten aufgebaut werden – er entsteht ebenso leicht durch andere Besonderheiten des Augenblicks. Dazu zählen etwa ein extremer Zeitdruck oder auch eine biographische Frühprägung gegenüber Autoritätspersonen, die das Verhalten bevorzugt in Erscheinung treten lässt.

Mit den Begriffen »**risk – shift**«, »Risikoschub, Polarisation oder Pointierung« (Moscovici/Zavalloni) wird das Phänomen umschrieben, dass Einzelpersonen in und durch Gruppendiskussionen zu extremeren Ansichten und Entscheidungen neigen als vorher im Einzelinterview. Vorhandene Neigungen werden also in einer Richtung prägnanter, deutlicher, schärfer akzentuiert. Diesem Befund kommt insbesondere Bedeutung zu, wenn es eine Gruppennorm gibt, die erhöhte Risiken favorisiert.

Was verbessert Entscheidungen?

Was können wir da also tun? Das Wissen um bestimmte Phänomene erleichtert einem die Wahrnehmung derselben. Dann und wann gilt es, diese Wahrnehmung mit anderen Wahrnehmungen in Kontakt zu bringen, sich darüber auszutauschen und es danach wie gehabt weiter laufen zu lassen oder die Muster zu verändern. An möglichen **Interventionen** mangelt es nicht:

- Der **bewusste Umgang** mit den eigenen Entscheidungsmustern und den eigenen Entscheidungsfehlern. Das bedingt ein gehöriges Maß an Selbstreflexion und häufig die Schriftform – damit man sich hinterher nicht weiß Gott was in die Tasche lügt!
- Das **Denken in Alternativen** und Szenarien.»Was-wäre-wenn-Fragen« verhindern voreilige Festlegungen, unkritische Denkprozesse und nicht zu Ende gedachte Ideen.
- Eine **heterogene Zusammensetzung** der Gruppe: Unterschiedliche Standpunkte und Perspektiven verringern die Gefahr

einer vorschnellen Einigung und bremsen Mechanismen der Selbstbestätigung.

- Die **regelmäßige Aufteilung** der Gruppe in Subgruppen! Subgruppen entwickeln eigene Sichtweisen und können auf diese Weise verhindern, dass eine einzige Sichtweise die Gesamtgruppe frühzeitig dominiert.

- Es hilft, wenn **Fehler erlaubt** sind. Das ist vor allem eine Sache der Gruppennormen: Ist Harmonie gefordert und sind Konflikte und Auseinandersetzungen verpönt, so lassen sich einerseits Irrtümer schwerer korrigieren, andererseits fällt es schwer, zu argumentieren und sich »mit Gründen zu Streiten«, sich also argumentativ auseinander zu setzen.

- Das zeitweilige Hinzuziehen **externer Fachleute**. Damit kann zweierlei erreicht werden: Es wird einerseits eine nicht »betriebsblinde« Perspektive eingebracht, andererseits werden die als selbstverständlich und unverrückbar angesehenen Grundannahmen der Gruppe hinterfragt.

- Das **Wissen** darüber, wer in der Gruppe über welches Wissen verfügt, ist zentral. Ist dies nicht bekannt, wird die Informationsausnutzung stark beeinträchtigt.

- Die Organisation **unterschiedlicher Perspektiven**. Das gelingt, wenn zeitweise in der Gruppe eine Person oder eine Subgruppe Kontrapositionen einnimmt (»advocatus diaboli« spielt), also die erarbeiten Standpunkte kritisiert. Ähnliches erreicht man, wenn in Untergruppen alternative Szenarien ausgearbeitet und anschließend gemeinsam diskutiert werden.

- Wenn der **Leiter** der Gruppe unparteiisch agiert. Hält sich der Leiter einer Sitzung oder eines Projektteams zurück, so bietet er der Gruppe mehr Möglichkeiten, die Informationen auszuschöpfen und eine eigene Entscheidung zu treffen.

- **Visualisierungshilfen und Strukturierungstechniken** werden eingesetzt. Visualisierungen geben entweder eine Logik vor oder sie zwingen einen, eine gefundene Logik immer wieder zu überprüfen. Dadurch werden Entscheidungen nachvollziehbar, die Gespräche, die zu den Entscheidungen führen, reichhaltiger und übrigens auch: kürzer!

- Schließlich: Wenn die Gruppe zur **Reflexion** fähig ist! Dieser zuletzt aufgezählte Punkt ist der wichtigste. Warum? Weil alle Prozesse, die zu suboptimalen Gruppenentscheidungen führen, ein Ergebnis von Gruppennormen, -prozessen und -praktiken sind. Die Reflexion der eigenen Arbeit ist die Bedingung für die Möglichkeit, dass die Gruppe selbst diese ändert. Wie das geht wurde bereits angemerkt: Durch eine Schlussrunde, in der jeder etwas zur Frage sagt, wie er die Arbeit der Gruppe sieht oder wie zufrieden er damit ist und warum. (>Feedback)

Mehr Entscheidungstransparenz durch formale Instrumente

Formale Instrumente haben den Vorteil, dass die Vorbereitung von Entscheidungen systematisiert wird, Entscheidungen nachvollziehbarer und Werthaltungen/Ideologien transparenter werden. Die Kommunikation fällt hinterher leichter, wirkt begründeter, logischer, nachvollziehbarer. Solche Werkzeuge sind letztlich Kommunikations- und Meinungs-Kollektoren in dem Sinn, dass sie das Gespräch anstoßen und die Management-Attention auf bestimmte Aspekte lenken und sie bündeln.

Auf den nächsten Seiten finden Sie dazu vier Platzhalter für diese Idee. In Abbildung 7 geht es um einen Variantenvergleich, man könnte auch sagen: um eine Investitionsentscheidung in fünf Schritten auf der Basis qualitativer Kriterien.

Wenn man für die Bewertung von beispielsweise drei Lösungsoptionen auch qualitative Überlegungen mit ins Spiel bringen will, dann müsste man in einem ersten Schritt klären, welche qualitativen Kriterien mit ihren Unterpunkten herangezogen werden sollen. In Abb. 7 entspricht das der linken Spalte. In einem zweiten Schritt gilt es diese zu gewichten, indem man 100 Punkte anteilig auf die Kriteriengruppen und die Unterpunkte verteilt. Ab dem dritten Schritt geht es in die Beurteilung jeder einzelnen Option: Wie ist der Erfüllungsgrad der drei Alternativen im Detail einzuschätzen? Der letzte Schritt ist dann nur noch reine Rechen-arbeit. Die ersten drei Schritte sind diskussionsintensiv. Gegebe-nenfalls müssten vorher noch kritische Zonen herausgearbeitet werden. Erfüllt eine Option einen Unterpunkt nicht, fiele sie aus der Endauswertung heraus.

1. Schritt: Wie heißen unsere qualitativen Kriterien zur Beurteilung dieser Investition?

2. Schritt: Wie schätzen wir die relative Gewichtigkeit der Kriteriengruppen und der Kriterien ein?

3. Schritt: Wie ist für jede Investitionsalternative der Erfüllungsgrad je Kriterium?
(1 = nicht erfüllt ... 5 = voll erfüllt)

4. Schritt: Wie sehen je Alternative die Problemlösungspunkte aus?

5. Schritt: Die Gegenüberstellung der Alternative.

Kriteriengruppen und Unterpunkte	Gewicht [G]	Erfüllungs-grad [E]	Problem-lösungspunkte [P = GxE]
1. Informationsangebot verbessern	50		100
1.1 Umfang	15	4	60
1.2 Aktualität	5	2	10
1.3 Modularität	30	1	30
2. Flexibilität steigern	20		65
2.1 Etc.	5	4	20
2.2	10	2	20
2.3	5	5	25
3. Etc.	30		Etc.
3.1	10		
3.2	10		
3.3	5		
3.4	5		
Summe	100		285

Abb. 7: Qualitative Investitionsanalyse in fünf Schritten

Am Ende ist die erste Alternative mit 285 Punkten bewertet. Eine Zweite würde, sagen wir, mit 296 und die Dritte mit 309 Güte-punkte bei den qualitativen Entscheidungskriterien bemessen.

Eine solche Herangehensweise erlaubt es dem Einzelnen ebenso wie dem Team, nicht messbare und dennoch bedeutungsvolle Sachverhalte in einer systematischen, nachvollziehbaren Weise in den Meinungsbildungsprozess mit einzubeziehen.

An sich sind das aber unerlaubte Verfahren, weil sie Bezeichnungen für Rangplätze als Zahlen behandeln. So werden etwa in der vorherigen Abbildung das Gewicht eines Arguments oder der angenommene Erfüllungsgrad als Größen behandelt, mit denen man rechnen darf. Hier wird gegen die Regeln der Arithmetik trotzdem addiert oder multipliziert. Das zeigt, um wie viel leichter man mit einer scheinbaren Genauigkeit argumentieren kann als mit angemessenen, aber unschärferen Aussagen.

Abbildung 8a und 8b stammen aus dem Feld der strategischen Planung und handeln von Alternativen: Was bedeuten sie?[1] In welche Richtung soll es gehen? In Abbildung 9a und b finden Sie das Ergebnis einer SWOT-Analyse aus einem Stufe V-Workshop. *(Team Brinke, Preis, Roch, Rüter, Schrader und Unterberg)* Im Gefolge jeder SWOT-Analyse sind ja Entscheidungen fällig, z.B. welche Stärken es uns erlauben, welche Chancen anzupeilen und was genau jetzt von wem bis wann zu tun ist. Abbildung 10 schließlich bringt ein Beispiel aus der Unternehmenspraxis, aufbereitet als Ja/Nein-Baum. Hier hatte eine Geschäftsleitung zu klären, was mit einem Hotel geschehen soll, das man zwar besitzt, das aber nicht so wirklich zum Kerngeschäft passt.

---

[1] Die Abbildungen auf den nachfolgenden zwei Seiten geben eine von mehreren Optionen einer strategischen Stoßrichtung wieder und wurden unter Anleitung von Günter Müller-Stewens vom Projektteam einer Firma erstellt. Die Wiedergabe erfolgt mit freundlicher Genehmigung.

Portfolio-Manöver in der Geschäfte-/Märkte-Matrix

Märkte \ Geschäfte	Abbau von Geschäften	Gegenwärtig betriebene Geschäfte	Neue Geschäfte
Abbau der Märke			
Gegenwärtig bediente Märkte			
Neue Märkte			

Szenario: »Divest to grow«

»Divest to grow«
durch Portfolio-Fokussierung bei gleichzeitigem
Eintritt in neue Märkte
mit verbleibenden Geschäften

Beschreibung:
Was hat man vor?

Konsequenzen:
Was heißt dies in
letzter Konsequenz?

Chancen:
Was würde dies
uns nutzen?

Risiken:
Welche Probleme/Risiken bringt
dies mit sich?

Bewertung:
- Ist dies geschäftlich attraktiv?
- Ist dies schwierig für uns?

Abb. 8a: Alternative strategische Stoßrichtungen

Portfolio-Manöver in der Geschäfte-/Märkte-Matrix

Märkte \ Geschäfte	Abbau von Geschäften	Gegenwärtig betriebene Geschäfte	Neue Geschäfte
Abbau der Märke			
Gegenwärtig bediente Märkte	←	●	→
Neue Märkte			

Szenario: Visionsgestützter Porfolioumbau

**Portfolioumbau
durch Ausstieg aus bestehenden Geschäften und
Einstieg in neue Geschäfte basiert auf der Vision**

Beschreibung:
Was hat man vor?

Konsequenzen:
Was heißt dies in
letzter Konsequenz?

Chancen: **Risiken:**
Was würde dies   Welche Probleme/Risiken bringt
uns nutzen?   dies mit sich?

Bewertung:
- Ist dies geschäftlich attraktiv?
- Ist dies schwierig für uns?

Abb. 8b: Alternative strategische Stoßrichtungen

Beispiel Controller Akademie

Stärken ⟶

Chancen ↓	Gutes Image	Kunden-zufriedenheit	Führung-Orga	Hohes Personal Know-how	Hohes EK	Gutes Preis-Leistungs-verhältnis	Seminar-angebot	Anzahl "+":
Expansion neue Länder	+	0	+	++	++	+	+	8
Seminarangebot an steuerrechtliche Änderungen anpassen	0	0	+	++	0	0	+	4
U-Anforderungen wachsen	+	+	0	+	0	++	++	7
Wertschätzung Controlling	+	+	0	+	0	++	++	7
konstante Kundenstruktur	+	+	0	+	0	++	++	7
Steigender Bedarf an Beratungsleistungen	+	+	0	++	+	++	0	7
Anzahl "+":	5	4	2	9	3	9	8	

Massnahmen:
- Expansion in neue Länder
- Seminarangebot erweitern
- neue Berater mit Fremdsprachenkenntnissen
- aktives Marketing um Beratungsleistungen anzubieten
- Preisstrategien länderspezifisch entwickeln

Abb. 9a: Entscheidungsbedarf auf Basis SWOT (Stärken–Chancen)

Beispiel Controller Akademie

Schwächen ⟶

Gefahren	Seminare nicht auf U-Kultur abgestimmt	hohe Altersstruktur	kein Marketing	hohe Personalkosten	wenig externe Referenten	Standort-Süddeutschland	Anzahl "+":
Marktsättigung	++	0	+	+	+	+	6
Vermehrte Wettbewerber	+	0	+	+	+	+	5
zunehmende Technisierung	+	0	++	+	0	0	4
Kostendruck bei Unternehmen wächst	++	0	+	+	0	+	5
Controlling wird in den Unternehmen vermittelt	++	0	++	+	+	+	7
Anzahl "+":	8	0	7	5	3	4	

Massnahmen:
- branchen/funktionsbezogene Dienstleistungen entwickeln
- Seminarangebot erweitern
- aktives Marketing
- Angebot von unternehmensinternen Schulungen/Beratungsleistungen

Abb. 9b: Entscheidungsbedarf auf Basis SWOT (Stärken – Gefahren)

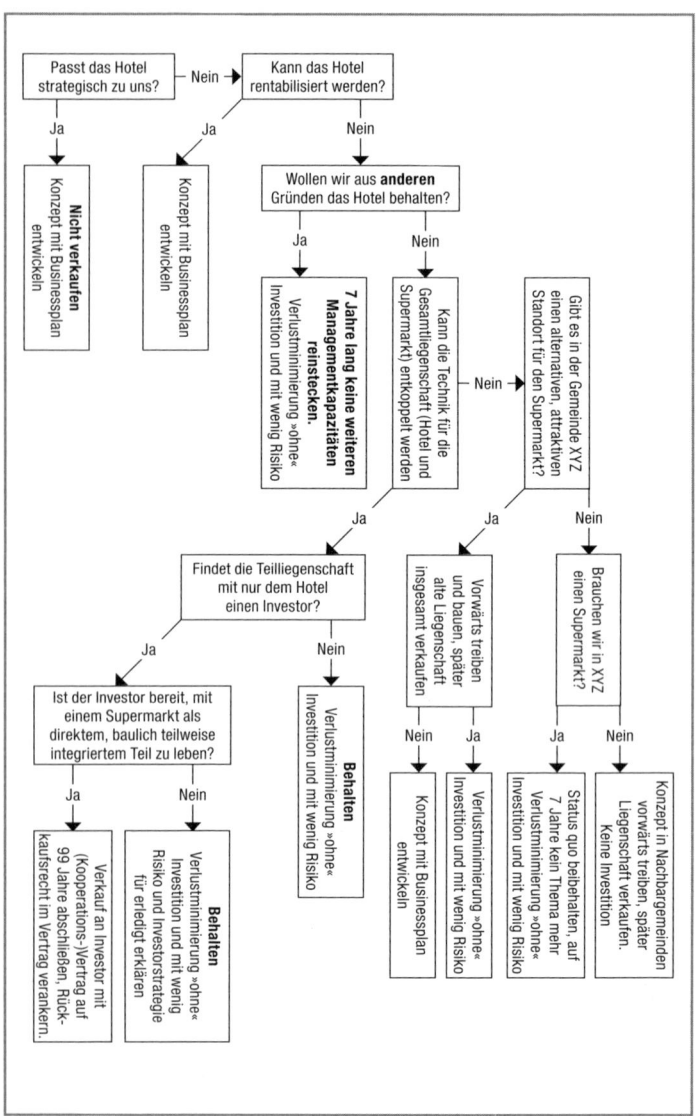

Abb. 10: Entscheidungsoptionen zum Hotel XYZ

Ein Beispiel für eine noch einfachere Bewertung von Lösungsmöglichkeiten ist die »Zwei-Spalten-Methode«. Der Name bezeichnet das Vorgehen: Der Teamleiter markiert auf einer Pinwand oder einem Flipchart zwei Spalten. In eine kommen die Argumente, die für die Lösungsvariante sprechen, in die andere Spalte werden die Gegenargumente eingetragen. Hat man zwei Varianten, so kann man eine Spalte den Argumenten widmen, die für Variante (A) genannt werden, in die andere Spalte werden die Argumente für Variante (B) aufgenommen. Damit wird eine Situation geschaffen, in der die Für- und Gegenargumente in gleicher Weise zum Zug kommen. Nach der Sammlung der Argumente muss Bilanz gezogen werden. Dabei geht es nicht um die Anzahl der Argumente, die für die eine oder andere Variante sprechen oder die Frage, welche Variante mehr Für- und welche mehr Gegenargumente auf sich versammelt hat. In der Diskussion wird vielmehr die Bedeutung der aufgelisteten Argumente abgeschätzt.

Der Inhalt des Stichwortes entspricht weitgehend den Ausführungen in:
Titscher/Stamm: Erfolgreiche Teams. Linde-Verlag Wien 2006

→ **Tipp:**

- Sehr viele dieser Methoden gehen auf den Psychologen Norman R. F. Maier zurück. *(Maier 1963)* Eine Zusammenstellung aus psychologischer Sicht bietet Franke. *(Franke 1975)* Eine in der Projektpraxis gut einsetzbare Sammlung diverser Techniken bietet beispielsweise das gut fundierte Team-Handbuch von Scholtes, et al. (2000).

- Ab 2010 habe ich einen neuen CAP-Workshop geplant: Entscheiden! Dort werden zusätzliche Aspekte beleuchtet (wie etwa rational und intuitiv entscheiden) und am Beispiel von Investitions-Entscheidungen verdeutlicht.

F

Feedback

Wörtlich bedeutet Feedback »Rück-Fütterung« und meint das Zurückspielen von erlebten, bewerteten und gedeuteten Ereignissen. Feedback-Prozesse sind rückkoppelnde Prozesse. Sie sind sowohl für den Feedback-Geber wie den -Nehmer nicht immer ganz einfach. Nicht ganz einfach aber wichtig – verspricht man sich doch dadurch letztlich eine Leistungsverbesserung.

- Grundsätzliches zum Feedback
- Warum ist Offenheit im Zusammenhang mit gemeinsamer Problemlösung wichtig?
- Warum ist Feedback im Zusammenhang mit gemeinsamer Problemlösung wichtig?
- Wie gibt man Feedback?
- Wie nimmt man Feedback?
- Was geschieht im Idealfall durch ein Feedback?
- Methodische Vorschläge für das Teamstandort-Gespräch
- Methodische Vorschläge für die Auswertung einer Sitzung

Der Begriff »Reflexion« wird hier weitgehend wie ein Synonym zum Feedback behandelt. Auch er bezeichnet Prozesse wie prüfendes Denken, nachdenken, bedenken. Während sich also Feedback, Reflexion und Standortgespräche von der Funktion und Bedeutung her sehr ähnlich sind, gehen sie vom Arbeitsstil und thematischen Umfang betrachtet auseinander. Das Feedback ist mehr eine 1:1-Beziehung: Eine Person gibt einer anderen eine Rückmeldung. Dieser Prozess geschieht mal informell – quasi zwischen Tür und Angel – mal formell und gegenseitig verabredet. Im ersten Fall hört man Kommentare – eher im Stil von »Da ist mir noch aufgefallen ...« oder »Achten Sie doch mal beim nächsten Mal auf ...«. Ist das Feedback formell, ändert sich die Art der Kommunikation. Jetzt ist es nicht mehr ein lockerer Gedankenaustausch, sondern viel mehr eine Einweg-Kommunikation mit Rückfrage-

Möglichkeit. Reflexion und (Team-)Standortgespräch hingegen haben nach einer vorbereitenden Einzelarbeit mehr dialogische Strukturen. Auch ist der Themenkreis hier häufig sehr viel weiter gefasst als beim Feedback und beinhaltet außer dem Verhalten und seiner Wirkung auch Themen wie Organisation, Standards, Außeneinflüsse, Arbeitsprozesse, Methoden, inhaltliche Resultate, die Kommunikation in Ausschüsse hinein oder in die Organisation sowie Ressourcen-Aspekte.

Grundsätzliches zum Feedback

Feedback geben und nehmen kann unter verschiedenen Blickwinkeln betrachtet werden. Ein Produktentwickler beispielsweise sieht das Feedback als eine Quelle, seine Geräte zu verbessern, als Basis für Innovationen. Jeder Ziel-Ist-Vergleich eines Managers oder Controllers ist eine Feedback-Schlaufe und gibt Auskunft über den Stand des eingeschlagenen Kurses. Oder ein Lehrer oder Trainer sagt über Feedback, es beinhalte wesentliche Lernimpulse und gedankliche Anregungen auf dem Weg hin zu einem realistischeren Selbstbild.

Nochmals eine andere Position zum Feedback nimmt beispielsweise der Soziologe ein. Er spricht in diesem Zusammenhang von einem Verstoß gegen das in allen Gesellschaften tief verwurzelte Gebot der »Gesichtswahrung«. *(Siehe dazu: Schein 2003: 161ff)* Explizites Feedback ist nach Schein ein Verstoß gegen die in der Gesellschaft tief verwurzelte Normen und Rituale, die da heißen: Man wahrt das Gesicht und lässt andere das Gesicht wahren. Ein Verhalten, das man landauf landab als höflich und taktvoll bezeichnet.

Absichtlich herbeigeführter Gesichtsverlust ist demzufolge nur unter einer Bedingung möglich, erlaubt, erwünscht, gefordert – nämlich während des Sozialisationsprozesses, während eines Trainings. Dort werden Teile des geformten Selbst überprüft, überdacht, aufgegeben und neu geformt.

Feedback als Kommunikationsform kann also nur funktionieren, wenn wir zeitlich befristet und sehr bewusst normale, sinnvolle gesellschaftliche Konventionen außer Kraft setzen. Und gleichzeitig einen sicheren Rahmen schaffen, in dem wir uns anders begegnen und das übliche »face-work«, wie Ed Schein es nennt, beiseite lassen können.

Das so genannte »Johari Fenster« von Joe Luft und Harry Ingham *(Luft 1961: 6f)* ist ein gängiges Modell, um solche Wirklichkeitsunterschiede zwischen Selbst- und Fremdbild bewusst zu machen und letztlich zu bearbeiten. Diese »Zwei-mal-zwei-Matrix« ist ein brauchbarer Kategorienlieferant für Feedback-Gespräche.

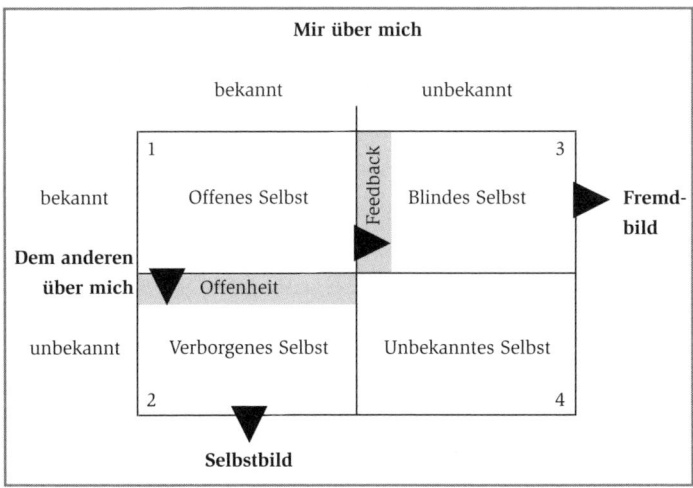

Abb. 11: Johari-Fenster

1. **Offenes Selbst:** Teile, die uns bewusst sind und die wir bereitwillig anderen, auch Fremden zeigen. Sie sind absichtlich geäußert.

2. **Verborgenes Selbst:** Teile, die uns bewusst sind und die wir bewusst oder absichtlich vor anderen zu ver-bergen oder zu verschweigen suchen. Hier wird man in der Regel von Bereichen hören, in denen sich die Betroffenen unsicher fühlen, was sie aber aus Scham verheimlichen; von Gefühlen und Affekten, die ihnen unsozial oder unverträglich mit

ihrem Selbstbild erscheinen, Erinnerungen an Versagens-
erlebnisse oder peinliche Auftritte und – sehr wichtig für
unser Thema – Gefühle und Reaktionen gegenüber anderen,
die als zu unhöflich oder zu verletzend eingestuft werden,
um sie nach außen zu zeigen. Für erfolgreiche Gesichtswahrung müssen wir einen Großteil unserer unmittelbaren
interpersonalen Reaktionen für uns behalten, um dem
Selbst, das wir für uns beanspruchen, nicht zu schaden.

3. **Blindes Selbst:** Dieser Quadrant, unser »blinder Bereich«,
bezieht sich auf die Dinge, die wir unbewusst vor uns selbst
verbergen, die aber ein Teil von uns sind und anderen nicht
verborgen bleiben. Sie werden von uns unabsichtlich mit-
geäußert. »Ich ärgere mich nicht«, erklärt der Chef mit
dröhnender Stimme und schlägt, das Gesicht hochrot, mit
der Faust auf den Tisch.

4. **Unbekanntes Selbst:** Beispiele für dieses Selbst wären stark
verdrängte Gefühle und Affekte, verborgene Talente und
Potenziale, die bisher noch nicht auf dem Prüfstand standen.
Wir können darüber nicht sprechen. Drei Bereiche des
unbewussten Selbst lassen sich unterscheiden: (1) unter-
drücktes Wissen oder Gefühle, basierend auf psychologischer Abwehr; (2) implizites Wissen, Bereiche des Unbewussten, die durch Reflexion leicht wiederhergestellt
werden können (etwa kulturelle Annahmen, nach denen
wir vorgehen); (3) verborgene Potenziale, Wissens- und
Gefühlsbereiche sowie Fähigkeiten, die latent blieben, da
sie nie gebraucht oder abgerufen wurden. Sie werden unter
emotional extremen Umständen entdeckt oder wenn sich
wahre Kreativität entwickelt.

Der wesentliche Unterschied in den zwei Achsen ist der, dass das
»Ich« seine Ziele, Absichten und Beweggründe für sein eigenes Tun
kennt. Und: Es ist sich unklar darüber, wie dieses Tun beim anderen ankommt. Genau seitenverkehrt ist die Ausgangslage beim
»anderen«. Er erlebt das Handeln des »Ich«, das ist ihm klar. Was
er nicht kennt sind die Motive und Absichten für dieses Tun. Das

genau ist die strukturelle Spannung zwischen Sender und Empfänger. Aus ihr speist sich das Feedback, das ist, wie Gregory Bateson so schön sagt, der »Unterschied, der einen Unterschied macht«. Mit anderen Worten: Das ist die Information, die durch den Prozess des Feedbackgebens und -nehmens zu Tage gefördert wird!

Fragen wir uns, über welche Vorgehensweisen der Quadrant 1 geweitet werden kann und beachten wir dabei, dass Veränderungen auf Quadrant 4 besondere Kontexte erfordern (Coaching, Therapie), dann bleiben für das Managementtraining zwei Stoßrichtungen übrig: Offenheit und Feedback.

Warum ist Offenheit im Zusammenhang mit gemeinsamer Problemlösung wichtig?

Das Potenzial eines Teams wird dann ausgeschöpft, wenn die gruppendynamischen Prozesse den Informationsaustausch nicht bremsen, sondern stimulieren. (>Team) So behindert beispielsweise Konkurrenz und Rivalität den Informationsaustausch, während ihn Offenheit und Kooperation positiv beeinflussen. Die Qualität der Beziehung setzt einen Rahmen für die Qualität des inhaltlich Erarbeiteten, mithin auch für die Qualität der Entscheidung.

Wie viel Offenheit in einer konkreten Situation möglich ist und gewagt werden kann, speist sich aus drei Quellen: dem Individuum, der Teamsituation und dem Kontext, dem Organisationsumfeld.

- Die **Einzelperson** hat ihre individuelle Geschichte, ihre Erfahrungen mit dem Thema »Offenheit« und legt sich daraus eine geistige Haltung und das dazu passende Verhaltensmuster zurecht. Die Einzelperson vertritt aber häufig auch unterschiedliche Interessen und wird, je nach Dominanz, mal das eine tun und das andere lassen. Zur genüge bekannt sind Teammitglieder, die als Abgesandte ihres Abteilungsleiters da sitzen und nur so viel und genau das sagen, was den Interessen ihres Herkunftsystems dient, respektive wie sie »geimpft« wurden.

- Im **Team** selbst haben sich zur Offenheit bestimmte Standards eingeschliffen, die unmittelbar relevant sind für das Ausmaß an gelebter Offenheit. (>Teamphasen) Oder ganz banal und tagtägliches Erleben: Es treffen für die Bearbeitung eines Themas drei Leute aufeinander mit positiven oder negativen Erfahrungen zum Thema Offenheit. Wie viel Offenheit in solch einem Team entsteht, hängt aber auch am Gesprächsleiter, an seinem Wissen und Können. Weiß er beispielsweise darum, dass statusniedrige Mitglieder tendenziell überhört werden und kann er sie mit ihrem Beitrag zur Wirkung bringen? Weiß er um den Effekt, dass Meinungsvielfalt durch schriftliche Einzelarbeit entsteht und kann er diese Arbeitstechnik vermitteln und durchsetzen?

- Aber auch der **organisatorische Kontext** beeinflusst die Offenheit – worüber man spricht, aber auch wie tiefschürfend man darüber spricht. Beispielsweise antizipiert man im Team die Haltung eines Auftraggebers zu einem bestimmten Thema und spricht, obwohl man es eigentlich um der Sache Willen müsste, nicht über das Thema »Reorganisation«. Man weiß genau: Es hat sowieso keinen Sinn! Ganz zu schweigen von all den Tabuthemen, die – für alle greifbar da – gleichzeitig unberührbar sind und deren Existenz gar verneint werden muss. Tabuthemen eben. Auch sie schränken das Feld des Besprechbaren ein, sind mitbestimmend für die Offenheit.

Das Ausmaß an Offenheit speist sich aus diesen drei Quellen. Sie ist deswegen wichtig, weil nur dadurch jene Synergien zwischen den Menschen entstehen, dass man hinterher sagen kann: Es hat sich gelohnt, dass mehrere Leute gleichzeitig am Thema arbeiteten und um das Resultat gerungen haben. (>Team)

Warum ist Feedback im Zusammenhang mit gemeinsamer Problemlösung wichtig?

Zwei Gründe sprechen für Feedbacks: Sie helfen dem Individuum und stärken die Effizienz und Effektivität der Teamarbeit.

Individuelle Erkenntnisziele, die mit Feedback-Prozessen verknüpft sind:

- Es entsteht ein Aufwachen, ein Bewusstsein und Wissen um Diskrepanzen zwischen Selbst- und Fremdbild. Dies selbstverständlich mit zwei Akzenten – so kann man sich selbst zu positiv oder zu negativ gesehen haben.
- Verhaltensstereotypen, Eigenarten und »Macken« werden bewusst, bearbeitbar und aufgelockert. Oder sie sind die Basis dafür, stolz zu sein, ein eigenständiges Profil mit Ecken und Kanten zu haben und weiter zu entwickeln.
- Die Wahrnehmung für die Konsequenzen aus den eigenen Verhaltensweisen für und auf andere wird geschärft. Man wird sich bewusst, was das eigene Tun bei anderen auslöst.
- Es bildet eine Plattform, über das eigene Profil und mögliche Wege der Veränderung nachzudenken.
- Die Erkenntnis kann wachsen, dass das Beobachten und Bewerten von Vorgängen nicht »objektives« Wahrnehmen ist. Nicht objektiv, weil stets eine Auswahl aus einer sehr viel reichhaltigeren Merkmalswelt erfolgt. Und nochmals nicht objektiv, weil diese Auswahl stets Bewertungsvorgänge enthält, die wiederum in der Biographie des Wahrnehmenden liegen. Der Biologe und Systemtheoretiker Heinz von Foerster spitzte diesen Sachverhalt so zu: »Objektivität ist die Wahnvorstellung des Subjekts, dass es beobachten könnte ohne sich selbst.« (Gumin/Mohler 1985: 19)

Über diese individuellen Aspekte hinaus stärken Feedback und Reflexion aber auch das **Arbeitsteam** selbst. Eine der wichtigsten Prozeduren, um die Effizienz eines Teams kontinuierlich zu erhöhen, ist das Auswertungsgespräch (zwischendurch/am Ende einer Sitzung). Es ermöglicht das Gruppenlernen, steigert die soziale Kompetenz jedes Teammitglieds und verbessert den Output. An sich wird die Praxis, Feedback und Reflexion zur Verbesserung der Leistungsfähigkeit zu nutzen, als Kennzeichen von Hochleistungsteams angesehen. (Wheelan 1999: 37f) Nicht zuletzt hängt aber auch die kompakte Außenwirkung eines Teams davon ab,

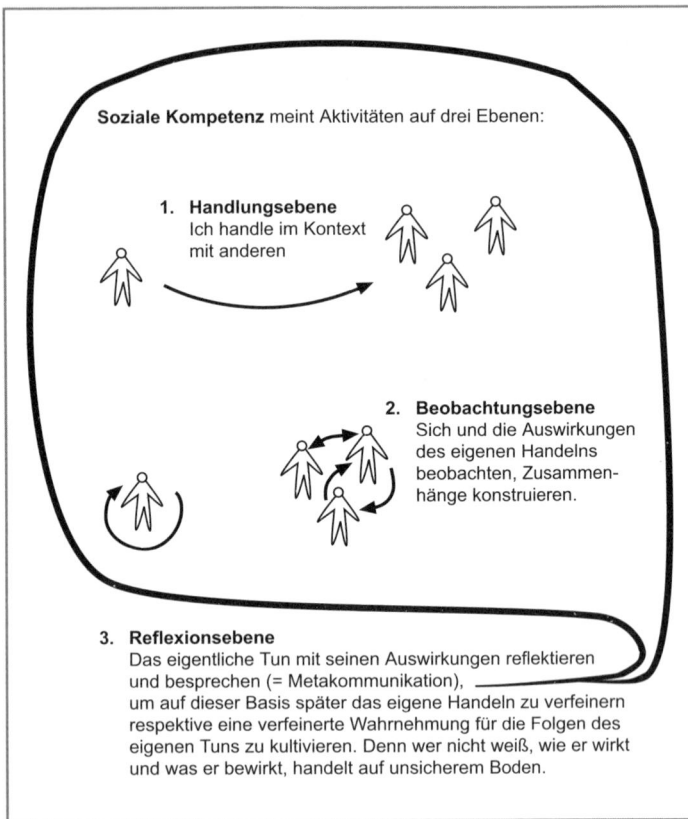

Abb. 12: Soziale Kompetenz durch Feedback

dass man die wichtigen Themen im Innern und miteinander bespricht und nicht außerhalb, in der Organisation.

■ Durch Feedbacks, Reflexion und Standort-Bestimmungen im Team werden Standards heraus gearbeitet, wie es »laufen« soll, wie man miteinander umgehen will. Solche Standards schaffen Grenzen. Grenzen, die markieren, was innerhalb und was außerhalb liegt und somit die Basis sind für ein Gefühl der Identität. Ein Eindruck, der nicht nur nach innen wichtig ist und produktiv wirkt, sondern ebenfalls das äußere Bild mit prägt und letztlich Vertrauen in ein Team schafft.

- Reflexion der Arbeit verbessert die Entscheidungen. Nachdenken über die Teamarbeit ist deshalb so wichtig, weil alle Prozesse, die zu suboptimalen Gruppenentscheidungen führen, ein Ergebnis von Gruppennormen, -prozessen und -praktiken sind. Die (zeitlich begrenzte) Reflexion der eigenen Arbeit ist die Bedingung für die Möglichkeit, dass das Team diese von sich aus ändert.

Eine Facette exzellenter Zusammenarbeit besteht also darin, sich selbst und andere innerhalb eines sozialen Kontextes zu beobachten. Diese Punkte gilt es besprechbar zu machen, so dass der Erwerb eines immer differenzierteren Umgangs mit sich selbst und mit den anderen gefördert wird. Erfahrung entsteht aus dem Nachdenken und Überdenken von Erlebtem. Erst durch die Reflexion, durch das Überdenken und Darüber-Reden entsteht aus der Praxis, die viele haben, die Erfahrung – ein wertvolles und nachhaltig wirkendes Gut.

Die abwertende Bezeichnung »Nabelschau« ist dann berechtigt, wenn derartige Episoden nicht enden wollen oder nur einen Selbstzweck haben, also nicht als Chance für die Veränderung der Arbeitsbeziehungen und -methoden genutzt werden.

Wie gibt man Feedback?

Rein kommunikationstechnisch sind es drei Elemente, die wichtig sind und allesamt vorkommen müssen:

1. **Die Datenbasis:** Dieses und jenes habe ich beobachtet, ist mir aufgefallen.
2. **Mein Eindruck, mein Gefühl, meine Gedanken:** Das löste in mir ... aus.
3. **Die Verhaltensfolge:** Wie ich darauf hin reagiere, reagiert habe oder reagieren würde.

Der Dreischritt des Feedbackgebers heißt also: beschreiben, wirken, reagieren.

	Auswertungsfragen	Notizen
denken	Was ist mir aufgefallen? (Beobachtung von Fakten, Verhaltensweisen, Ereignissen)	
denken	Was empfinde ich dabei? (Gefühle, Stimmungen, Eindrücke)	
denken	Was löst das bei mir aus? (Vorstellungen, Gedanken, Phantasien)	
sprechen	Was möchte ich mitteilen und wie formuliere ich es hilfreich, so daß es der Empfänger annimmt?	

Abb. 13: Stand bei Klima und Arbeitsergebnis

Und es sei an dieser Stelle nochmals betont: Ein Feedback beinhaltet den subjektiven Eindruck des Feedbackgebers. Deswegen ist die ichhafte Sprache beim Feedback die Angemessene. Im und durch das Feedback erscheint – nicht mehr, aber auch nicht weniger – ein Stück sozialer Realität. Feedback ist im Übrigen nie Kritik – denn Kritik setzt voraus, dass es für etwas klare Standards und eine exakte Messlatte gibt. Allerdings neigen Personen mit schwachem Selbstwert deutlich häufiger dazu, ein Feedback als Kritik zu verstehen als Personen mit hohem Selbstwert. *(Booth-Butterfield 1989: 119ff)*

Wie nimmt man Feedback?

Aufmerksam, neugierig, gelassen.
Gelingt das nicht, wird ein Feedback – mehr oder weniger elegant – abgewehrt, ignoriert, relativiert, bagatellisiert.

Folgende Taktiken und Winkelzüge mit ihren jeweiligen Folgen sind mir in diesem Zusammenhang schon begegnet:

- Wir ignorieren den Sachverhalt, lenken von ihm ab. Beispielsweise mittels der »ja-aber«-Strategie. Oder dadurch, dass wir den anderen emotional vereinnahmen, ihn befangen machen, die Wichtigkeit der Sache zu Gunsten der guten Beziehung in den Hintergrund rücken.
- Wir verkriechen uns in irgendeiner Form und widmen uns besonders intensiv irgendwelchen Details oder »trösten« uns mit unseren Stärken – betreiben also Vogel-Strauß-Politik.
- Das Ziel wird nachträglich weggemacht oder Erreichtes hinterher zum Ziel erhoben. So wird ein Problem beschönigt, Fehler verdeckt oder schön geredet und Dilettantismus als genialer Wurf hingestellt.
- Die Heldenversion des »da-muss-eben-jeder-durch« mit seiner »der-Zweck-heiligt-die-Mittel«-Mentalität: Irgendein thematisiertes Verhalten war also nur gerade heute so, temporärer Natur und diente im Übrigen einem wichtigen Ziel.
- Verschwörer-Theorien – andere oder die Umstände sind schuld: »Immunisierende Marginalkonditionalisierung«, nennt es Dieter Dörner. Er meint damit, dass die Leute den Misserfolg auf eine an den Haaren herbeigezogene Marginalie zurückführen, die aber »normalerweise« so nie vorkommt. Damit ist die versuchte, zum Misserfolg führende Lösung immun gemacht gegenüber dem »Bazillus« Lernen.

Die Folgen solchen Verhaltens liegen auf der Hand. Erstens bleibt das Selbstwertgefühl unangetastet. Man hat ja »nichts falsch«

gemacht. Und auch die Kompetenz-Illusion bleibt erhalten. Man »beherrscht« die Dinge weiterhin und »steht über ihnen«, meint man, was aber zweitens ebenso sicher die Reflexion und das Dazulernen verhindert. Es entsteht dadurch ein problematisches Wirklichkeitsbild, das von der Realität immer stärker abweicht. Selbstbild und Fremdbild driften auseinander.

Die Frage bleibt also, ob es alle Lernenden vermögen, Feedback als hilfreich zu interpretieren – selbst wenn es »sauber« formuliert und die Kriterien der Rückmeldung nachvollziehbar und transparent gemacht wurden. Ein Ergebnis der oben zitierten Untersuchung war auch, dass erfolgreiche Menschen mit stabilem Selbstwert dazu tendieren, die Gründe für ein erhaltenes Feedback bei sich selbst zu suchen. Gleichzeitig sind sie sicher, die Ursachen für das angesprochene Verhalten unter Kontrolle zu haben und insofern verändern zu können. Erfolglose Menschen mit schwachem Selbstwert schreiben Feedbacks zu ihrer Leistung eher äußeren, vorübergehenden Umständen zu: der Situation, der Aufgabe, dem Glück. (>Attributions-Theorie)

Was geschieht im Idealfall durch ein Feedback?

Heißt Feedback, dass ich mich jetzt ändern muss? Ja und nein. Feedbacks sind gedankliche Angebote und über einige davon lohnt es sich intensiv nachzudenken und dann: entweder etwas zu verändern oder mit der alten Geschichte weiterzuleben und den Preis dafür zu bezahlen oder sich auch, bei positiven Rückmeldungen, bestätigt zu fühlen! Bei vielen Feedbacks merkt nämlich der Empfänger, dass das vor ein, zwei Jahren

- sich noch völlig anders angehört hat. Er fühlt sich auf dem richtigen Weg, fühlt sich unterstützt;
- schon genau gleich klang. Er erlebt soziale Realität und fragt sich sinnvoller Weise: Kann und will ich das jetzt angehen und verändern oder lebe ich damit? Denn bei Problemen gibt es bekanntlich immer drei Optionen: change it, leave it oder love it.

Bewerten Sie bitte jede der acht Dimensionen, indem
Sie auf der jeweiligen Skala das Kästchen ankreuzen,
das am ehesten Ihre Einschätzung wiedergibt.

A) Die Ziele

Unklar,   Klar, von
widersprüchlich   allen geteilt

☐ ☐ ☐ ☐ ☐ ☐

B) Beteiligung

Einige dominieren,   Große Beteiligung,
geringe Aufmerksamkeit   hohe Aufmerksamkeit

☐ ☐ ☐ ☐ ☐ ☐

C) Ausdruck von Gefühlen

Werden ignoriert,   Werden frei
nicht ausgedrückt   ausgedrückt

☐ ☐ ☐ ☐ ☐ ☐

D) Arbeit an Beziehungsthemen

Wird ignoriert   Suche nach zugrunde
                                            liegenden Ursache

☐ ☐ ☐ ☐ ☐ ☐

E) Arbeit an Sachthemen

Wird nicht   Systematische
hematisiert   Problemlösung

☐ ☐ ☐ ☐ ☐ ☐

F) Entscheidungsfindung

Autoritär oder   Konsens
durch Minderheit

☐ ☐ ☐ ☐ ☐ ☐

G) Führung

Autokratisch,   Verteilt,
zentralistisch   große Beteiligung

☐ ☐ ☐ ☐ ☐ ☐

H) Vertrauen

Kein Vertrauen   Großes Vertrauen
im Team   zwischen den Mitgliedern

☐ ☐ ☐ ☐ ☐ ☐

Abb. 14: Einschätzung der Gruppeneffektivität (Schein 2003: 247)

Bitte geben Sie auf jeder der 15 nachfolgenden Skalen an, inwieweit die jeweilige Behauptung Ihrer Einschätzung des Teams entspricht.

1) Unser Team wird von der Linie akzeptiert.

Sehr   Gar nicht

2) Der Auftraggeber hat großes Interesse an unserem Projekt.

Sehr   Gar nicht

3) Die Aufgabe ist sehr interessant und herausfordernd.

Sehr   Gar nicht

4) Die Aufgabe ist angemessen schwierig.

Sehr   Gar nicht

5) Wir haben ausreichende Ressourcen.

Sehr   Gar nicht

6) Die für das Projekt zur Verfügung stehende Zeit ist angemessen.

Sehr   Gar nicht

7) Die Vereinbarungen mit dem Auftraggeber werden von beiden Seiten eingehalten.

Sehr   Gar nicht

8) Wir bekommen ausreichend Rückmeldung über unsere Arbeit.

Sehr   Gar nicht

9) Trotz Teamarbeit kann jeder von uns seine "normalen" Kontakte im Betrieb aufrecht erhalten.

Sehr   Gar nicht

10) Die Arbeitsmethoden, die wir einsetzen, sind angemessen.

Sehr   Gar nicht

11) Unser Team ist optimal zusammengesetzt.

Sehr   Gar nicht

12) Die Prozesse in unserem Team funktionieren.

Sehr   Gar nicht

13) Wir sind ein Team, keiner will es vorzeitig verlassen.

Sehr   Gar nicht

14) Bei uns werden die Fähigkeiten jedes Einzelnen voll genutzt.

Sehr   Gar nicht

15) Jeder von uns kann durch diese Teamarbeit dazu lernen.

Sehr   Gar nicht

Abb. 15: Beurteilung der Erfolgsfaktoren (Titscher/Stamm 2006: 291)

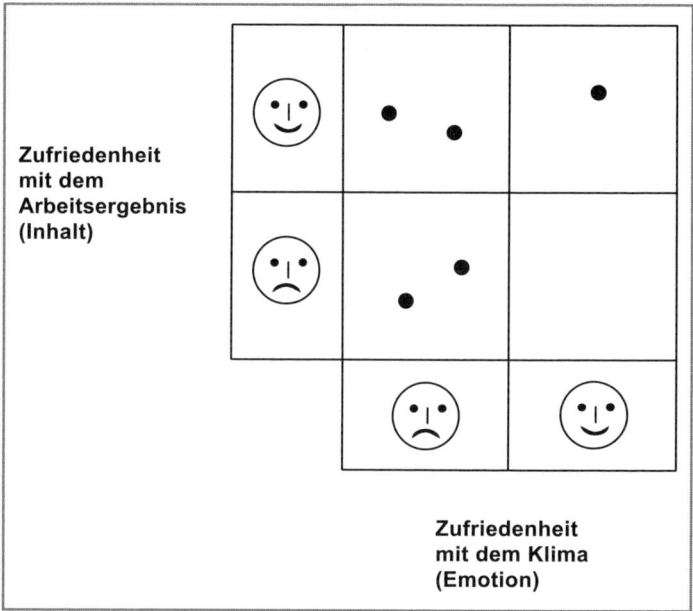

Abb. 16: Ein Gruppenröntgenbild erstellen

Methodische Vorschläge für das Teamstandort-Gespräch

Für die folgenden Auswertungs-Schemen gilt: Sie sind leicht zu beantworten und die Beantwortung nimmt nur wenig Zeit in Anspruch.

Diese Schemata haben nur als »Trägersubstanz« einen Sinn, d. h. sie sollen das Material für eine Diskussion abgeben und sind ohne ausführliche Besprechung nutzlos oder gar kontraproduktiv. Jedes Instrument stellt die Weichen der Besprechung in eine andere Richtung. Daher sollten Sie überlegen, welche Richtung gerade angebracht ist: Für eine Diskussion über den Zustands des Teams als Gruppe bietet sich die Liste von E. H. Schein an. Ist Ihnen die Gesamteinschätzung der Erfolgssituation wichtig, so bietet sich die Beurteilung der Erfolgsfaktoren an. Brauchen Sie eine allgemeine Plattform für die Reflexion, eignet sich die 2x2-Matrix zum Klima und dem Arbeitsergebnis.

Bei allen drei Schemen ist es wichtig, dass die Teammitglieder zuerst eine Einzelarbeit machen, um Überstrahleffekte zu verhindern. Erst danach verschafft man sich einen Gesamtüberblick über den Zustand im Team und steigt in das Gespräch ein.

Welche Form Sie auch immer wählen, jede Reflexion bietet immer nur eine Momentaufnahme, die schon während der Diskussion unschärfer wird und verblasst. Für die Diskussion sollte sich das Team Zeit nehmen, diese aber auch begrenzen. Eine halbe bis eine Stunde müsste normaler Weise ausreichen. Und jede Diskussion sollte mit einem Resümee enden, in dem einige wenige Aktionen festgehalten werden, die das Team als nächstes angehen will.

Methodische Vorschläge für die Auswertung einer Sitzung

Sofern es alle Beteiligten gutheißen und gewillt sind, nicht ganz unerheblich viel Zeit in eine Reflexionssequenz zu investieren, kann man einmal ein Videogerät im Vollbild-Modus (Achtung: Lautstärke vorher checken und Kameraposition gut überlegen!) mitlaufen lassen und hinterher gemeinsam auswerten. Ideal ist eine Sitzung zwischen 45 und 90 Minuten.

Für die Auswertung brauchen Sie dann schnell vier Mal so viel Zeit wie Sie Datenmaterial haben. Es empfiehlt sich, nach der Sitzung eine Einzelarbeit einzuschieben, während der die Teilnehmer die untenstehenden Fragen schriftlich für sich beantworten. In einer Eröffnungsrunde sagen alle ihren ersten Eindruck. Dann schaut man sich den Film gemeinsam an und hält an jenen Stellen inne, wo jemand das Bedürfnis für eine Unterbrechung hat und etwas sagen will. Es wird ausgewertet, Feedbacks finden statt. Häufig schließt sich auch eine kleine Diskussion an, die eventuell schon zu ersten Kontrakten für die folgenden Sitzungen auf dem Flip-Chart festgehalten werden können. Diese Charts führen in der Abschlussphase sicher zu einigen grundsätzlichen Übereinkünften zu den weiteren Sitzungen – sei es zur Vorbereitung, Durchführung oder ihrer Nachbereitung. Am Ende braucht es noch eine Abschlussrunde, in der jeder sagt, was ihm jetzt noch am Herzen liegt. (Wenn Sie sich diese Intervention selber nicht zutrauen, gibt es vielleicht interne oder externe Unterstützung. Das hat dann nur den Nachteil, dass etwas an sich Selbstverständliches – nämlich eine Auswertung – gleich ein übergroßes Gewicht erhält. Das aber lohnt sich in problematischen Situationen ebenso wie in Teams mit hohem Anspruch an sich selbst.)

Unabhängig davon, ob Sie mit oder ohne Video reflektieren, eignen sich für diese Prozedur folgende **Leitfragen:**

1. Haben die Beteiligten die Sitzung ernst genommen?
   Sind alle rechtzeitig gekommen, haben sie die Sitzung nicht vorzeitig verlassen, haben sie sich während der Sitzung auf die Agenda konzentriert?
2. War die Dauer der Sitzung angemessen, konnte die Agenda abgearbeitet werden?
   Hätte sie kürzer dauern können oder war sie zu kurz bemessen?
3. Waren alle für die Sitzung erforderlichen Informationen vorhanden?
   Mussten Entscheidungen verschoben werden, weil Unterlagen oder Informationen gefehlt haben?
4. Sind alle beim Thema geblieben?
   Haben die Teilnehmer Nebenthemen diskutiert, sind sie abgeschweift oder haben sie zielgerichtet diskutiert?
5. Sind die Ergebnisse/Entscheidungen entsprechend dokumentiert worden?
   War während der Sitzung ersichtlich, was jeweils beschlossen wurde?
6. Wurden die Entscheidungen im Konsens getroffen?
   Hat einer oder haben einige die Entscheidungen dominiert oder wurden sie einmütig getroffen?
7. Ist am Ende der Sitzung etwas herausgekommen, das zu Aktionen führt?

Hat es am Ende Vereinbarungen über die nächsten Aktionen, über Folgen aus der Sitzung gegeben?

8. Sind alle zu Wort gekommen, haben alle mitgemacht?
   War die Beteiligung annähernd gleich? Sind einige mundtot gemacht worden?

9. Haben die Teilnehmer offen geredet oder wurde mit Informationen hinterm Berg gehalten?
   Oft wird viel geredet, damit aber Dinge nur vernebelt.

10. War die Stimmung angenehm?
    Konnte man ungezwungen diskutieren, ist man respektvoll miteinander umgegangen?

11. War diese Sitzung besser als die letzte?
    Haben die Leute dazu gelernt oder hat es wieder dieselben Hemmnisse gegeben, die wir schon kennen?

In der Einleitung zum Stichwort >Sitzungen stehen einige empirische Befunde, die mich grausen. Dagegen ist ein Gras gewachsen: die Reflexion. Es braucht dazu etwas Mut und den Konsens jener, die es betreiben wollen. Die Ernte jedenfalls wird reichhaltig sein und der angestoßene Veränderungsprozess schon sehr bald greifbar.

Dieser Text lehnt sich an einigen Stellen mit freundlicher Genehmigung des Verlags an Edgar H. Schein an, Prozessberatung für die Organisation der Zukunft, Köln 2003 und entspricht weitgehend den Ausführungen in Titscher/Stamm, Erfolgreiche Teams, Linde 2006.

Fragen

Fragen und Fragetechniken spielen in der zwischenmenschlichen Kommunikation seit jeher eine bedeutende Rolle. Und das in mindestens zweifacher Hinsicht. Auf der Sachebene schaffen Sie eine breite Informationsbasis, was wichtig ist für qualitativ hochwertige Entscheidungen. Bei der Bearbeitung eines Problems helfen Fragen, das Thema genau zu bestimmen und es aufzuhellen. Fragen schaffen Realitätsnähe.

Auf der Beziehungsebene signalisieren sie Interesse am Gegenüber. Gerade durch die Frage entsteht und vertieft sich der Kontakt, festigen sich die Beziehungen. Es entsteht eine emotionale Grundstimmung, die später nicht selten eine bedeutende Quelle für die Akzeptanz von Entscheidungen ist.

Aus dieser doppelten Perspektive heraus lohnt es sich für jeden Problemlöser, sich des Themas anzunehmen!
- Die möglichen Frage-Dimensionen
- Konkrete Hinweise zu den Fragen
- Fragen in der Präsentation
- Fragen in der Moderation

Die im Folgenden erwähnten Aspekte rund ums Thema sind absichtlich nicht überschneidungsfrei gehalten und enthalten sowohl theoretische Überlegungen als auch praktische Hinweise. (>Kommunikation)

Die möglichen Frage-Dimensionen

Wer fragt, arbeitet grundsätzlich mit seinem Nichtwissen. So gesehen wird gerade ein allgemein als Defizit beurteilter Zustand zu einer Ressource. Durch sie beschafft sich der Fragende Wissen, durch sie schafft er sich Kontakt. Die Struktur, in die sich die

Formen des Fragens einfügen lassen, ist die Struktur, die jeder Problembearbeitung inne wohnt.

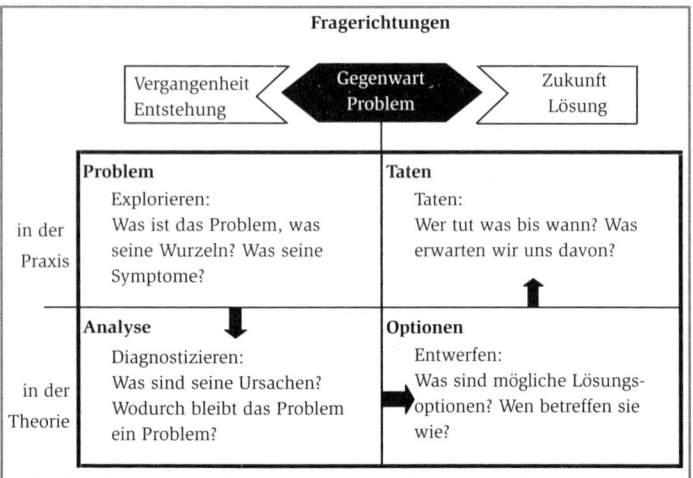

Abb. 17: Vier Fragerichtungen

Die Details zu den **vier Quadranten:**

1. **Das Problem.** Etwas ist (effektiv oder hypothetisch) vorgefallen und es gilt diesen Zustand und seine Historie zu klären. Hier greifen explorative Fragen, bei denen es um Zustandsbeschreibung, Deskription, Anamnese geht. Beispiele für Fragen zu diesem Quadranten: »In welcher Situation befinden Sie sich?«; »Können Sie mir schildern, was da passiert?«

2. **Die Analyse.** Sie wollen etwas verstehen oder verstehen, wie Ihr Gegenüber die Situation interpretiert, sie erklärt. Diagnostische Fragen stehen im Vordergrund: Interpretation, Deutung, Ursache-Wirkungs-Zusammenhänge werden erfragt. »Warum geschah das Ihrer Meinung nach?«; »Warum machte der Andere das?«; »Was ist der Grund dafür?«

In den ersten zwei Quadranten stehen Fragen im Vordergrund wie sich etwas darstellt und warum etwas gekommen ist. Genau so arbeiten auch Journalisten, wenn sie einen Sachverhalt recherchieren. Sie fragen ab:

- Was ist geschehen?
- Wer sind die Beteiligten?
- Wo ist es geschehen?
- Wann?
- Wie?
- Und: Warum.

Die nächsten zwei Quadranten und Fragetypen klären nicht Vergangenes ab, sondern weisen in die Zukunft.

3. **Die Optionen.** Sie klären die Verhaltensmöglichkeiten und ihre Folgen ab – also was jemand tun könnte oder was Andere in derselben Situation schon erfolgreich taten respektive täten. Es folgen aktionsorientierte Fragen mit dem Ziel Vielfalt zu erzeugen und divergentes Denken anzuregen. »Wie reagieren Sie darauf?«; »Wie lauten in so einer Situation die Alternativen?«; »Was waren in ähnlichen Fällen die erfolgreichen, was die erfolglosen Vorgehensweisen?«; »Was sollten wir tun?«; »Was ist dabei das größte Risiko?«; »Wie wahrscheinlich ist es, dass es eintritt?«

4. **Die Taten.** Sie fragen nach dem konkreten Entscheid und sichern ihn ab durch Fragen nach den Folgen und Auswirkungen. Es gilt zu klären, was bis wann wie anders wird. Jetzt sind es entscheidungsorientierte Fragen mit dem Ziel, die Sache auf den Punkt zu bringen und die erwartete Wirkung abzufragen – konvergentes Denken ist jetzt gefragt. »OK, was tun Sie jetzt?«; »Wer genau kümmert sich darum, bis wann?«; »Was passiert, wenn Sie so entscheiden?«; »Ist das OK?«; »Was erreichen Sie dadurch?«; »Wie ist das auf der Zeitachse?«

Im günstigen Fall entstehen durch Fragen Informationen. »Informationen sind Unterschiede, die einen Unterschied machen.«

(Bateson 1981: 582) Daraus ergibt sich, dass Fragen so gestellt sein müssten, dass Unterschiede entstehen, dass nach Unterschieden gefragt wird. So kann innerhalb jeder der vier Fragerichtungen nach **drei Unterschieden** gefragt werden *(Titscher 2001: 177).*

1. Unterschiede zwischen einzelnen Personen in Bezug auf ein bestimmtes Thema »Wer von den Abteilungsleitern teilt diese Ansicht über das Projekt in besonderem Masse?«
2. Unterschiede zwischen Rollenbeziehungen »Steht der Leiter Marketing dem kaufmännischen oder dem technischen Leiter näher?«
3. Unterschiede zwischen den Zuschreibungen/Erklärungen einzelner Personen »Wer hat Ihrer Meinung nach eine andere Erklärung dafür?«

Über die Personen und Beziehungen hinaus kann auch mittels der zeitlichen Dimension ein Unterschied konstruiert werden:

4. Unterschiede im Zeitablauf »Wie haben Sie das in der Vergangenheit gesehen?«

Zusammengefasst geht es bei den möglichen Fragedimensionen um die vier Themenfelder aus Abbildung 18 und den jeweiligen Unterschieden innerhalb von ihnen.

Konkrete Hinweise zu den Fragen

Die nachfolgenden Ideen sind als Anregung für Ihre Gespräche gedacht – auch Frageverhalten lässt sich so trainieren. Es handelt sich dabei notwendigerweise um eine Auswahl wichtiger Leitgedanken ohne Anspruch auf Vollständigkeit. Abhängig von der konkreten Situation werden auch die Gewichte bei den unterschiedlichen Fragetypen sehr ungleich verteilt sein.

Achten Sie dann aber auch darauf, dass Sie das Problem genau bestimmen und aufhellen! Schaffen Sie **Realitätsnähe!** Darum: *(Doppler/Lauterburg 1994: 178f)*

- Arbeiten Sie gegen Tilgungen: »Herr Michels sagte, er würde sich ärgern« Hinweis für Nachfragen: Sagte wem? Ärgerte sich worüber?

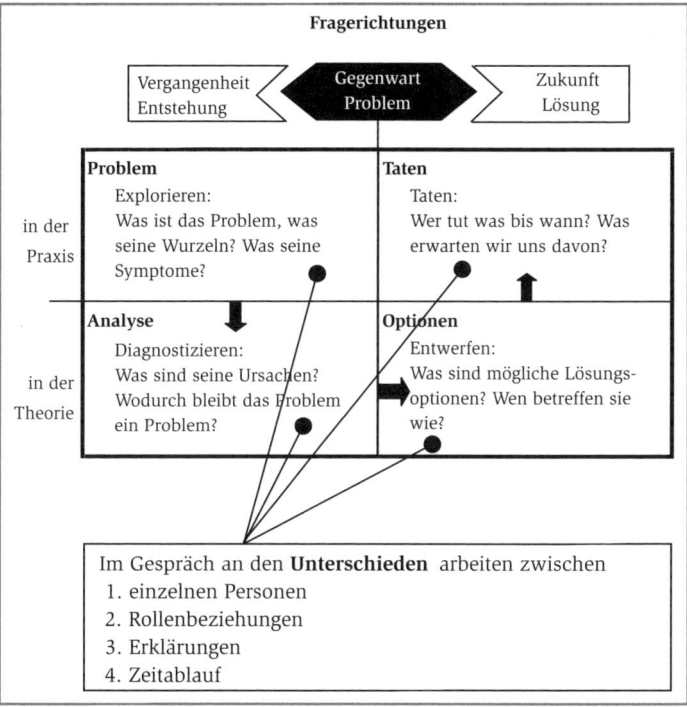

Abb. 18: Vier Fragerichtungen mit den Unterschieden

- Hinterfragen Sie generalisierende Aussagen, »immer« ist immer falsch: »Niemals wird sich daran auch nur das Geringste ändern« Hinweis für Nachfragen: Gab es in den letzten wie Jahren auch einmal eine Ausnahme? Wo galt dieses Prinzip einmal nicht?

- Was genaue ist die konkrete Erfahrung, die hinter der Aussage steht? »Dieser Chef ärgert mich« Hinweis für Nachfragen: Wodurch? Wie genau? Seit wann? Immer?

- Unterstellungen und Stereotypen reduzieren radikal die Umfeld-Komplexität, behindern die fein ziselierte Wahrnehmung und sichern, da wir schnell sind, unser kurzfristiges Überleben. »Die Materiallieferanten wollen uns in die Knie zwingen.«

Hinweis für Nachfragen: Alle? Wer (nicht) und wie genau? Tangiert uns das in allen Geschäftssegmenten oder wo schwerpunktmäßig? Ist das Phänomen eher punktuell oder strukturell?

■ Verzerrte und wortwörtlich »verrückte« Kausalitäten schaffen Zusammenhänge, wo keine sind. »Das Wetter ist mal der Freund, mal der Feind des Außendienstes.« Hinweis für Nachfragen: Verstehe: Sommer, Herbst und Winter …

■ Fehlende Informationen über das Gegenüber und seinen Arbeitskontext werden durch Mutmaßungen, zweifelhafte Schlüsse und eigene Projektionen ersetzt. »Doktor Friedrich ist eh auf dem Absprung!« Hinweis für Nachfragen: Woher genau wissen Sie das? Wie kommen Sie zu dieser Einschätzung?

Beachten Sie, dass ein Problem nie losgelöst von seinem **Kontext** gesehen und bewertet werden kann. Nur aus dem Kontext heraus ist der Text, sprich das Problem, verstehbar! Sinnstiftende Fragekategorien in diesem Zusammenhang sind etwa:

■ Fragen nach der Bedeutung: »Was bedeutet das?«
■ Fragen nach der Auswirkung: »Wie wird sich das auswirken?« »Was sind die jeweiligen Risiken?«
■ Fragen nach der Situation: »Wann taucht es jeweils auf, wie häufig, wer ist beteiligt?
■ Fragen nach den Ursachen: »Warum ist es so gekommen?«
■ Fragen nach Unterschieden: »Gibt es ähnliche Situationen, in denen das Problem nicht/stärker auftaucht?«
■ Fragen nach Alternativen: »Was ist nach Ihrer Erfahrung die zweitbeste Lösung?«
■ Fragen in die Vernetzung hinein: »In der Problemsituation reagiert wer womit auf wen?«
■ Fragen, bei denen das Problem als Lösung angeboten wird: »Wäre es vielleicht nicht sinnvoll, im Ist tatsächlich unter Plan zu bleiben?«
■ Fragen durch Wiederholung mit anschließender Pause: »Sie halten es also für wahrscheinlich, dass wir die Mengen nicht absetzen können.«

- Szenische Fragen: »Was würde Ihnen in dieser Situation ein guter Mentor raten?«
- Hypothetische Fragen: »Wenn Sie hier der Boss wären, was täten Sie dann?«
- Scheinbar paradoxe Fragen: »Was müsste von wem getan werden, damit die Problemlage sich verschlimmert?«
- Fragen nach Nutznießern einer problematischen Situation: »Wem nutzt sie?«
- Zirkuläre Fragen sind solche, bei denen A von B gefragt wird, was wohl C zum Thema sagen würde, obwohl C anwesend ist und zum Thema direkt angesprochen werden könnte. »Wenn Sie sich in C rein versetzen, denken Sie er sieht das Problem ähnlich wie Sie?«
- Kontroll- und Bestätigungsfragen: »Habe ich Sie da richtig verstanden, Sie würden XY tun und nicht Z?«

Nicht ausschließlich nach Problemen, sondern ebenso intensiv nach **Lösungen** fragen.

- Kompetenz: »Wer könnte oder müsste etwas tun, um hier Abhilfe zu schaffen?«
- Das Positive im Negativen nicht vergessen: »Was an der Problemsituation ist durchaus positiv und muss deshalb für die Zukunft bewahrt bleiben?«
- Fiktive Lösungsschritte: »Was würden Sie tun, wenn Sie der Inhaber wären?« Oder: »Angenommen das Problem wäre gelöst und wir schauen zurück auf das Problem. Was waren da, rückblickend, die ersten Schritte auf dem Lösungsweg?«
- Nach Meilensteinen fragen und den Zielzustand klären: »Woran werden Sie frühzeitig merken, dass Sie auf dem richtigen Weg sind?« respektive »Woran erkennen Sie, dass Sie das Ziel erreicht, das Problem gelöst haben?« und: »Wie genau sieht dann der Zielzustand aus?«
- Nach im Organisations-Kontext erfolgreiche Arbeitsprozeduren: »Durch welche Vorgehensweise ist die Sache damals so erfolgreich geworden?«

Im Übrigen gilt es in einer solchen Frage-Antwort-Situation stets abzuwägen, ob etwas noch zum Thema gehört. Wenn der Befragte beim Reden »vom Hundertsten ins Tausendste« gerät, unterbrechen und durch entsprechendes Anknüpfen zum Thema zurückführen:

- »Ich würde gerne nochmals bei folgendem Punkt anknüpfen…«
- »Was ich vorhin noch nicht genau verstanden habe…«

Nehmen Sie sich nach jedem Gespräch Zeit, um den Inhalt zu strukturieren, zusammen zu fassen, den Unterschieden in den Äußerungen gedanklich nach zu gehen, den Prozess selber zu reflektieren und sich auch neue Fragen zurecht zu legen. Auch hier verbessert die Reflexion des Arbeitsprozesses – was also gut oder harzig lief – ihre Fragekompetenz für die Zukunft. (>Feedback)

Fragen in der Präsentation

Rhetorische Fragen stellt und beantwortet der Sprechende selber: »Was aber ist der kardinale Erfolgsfaktor jeder Präsentation?« Rhetorische Fragen sind ein Stilmittel, das, dosiert eingesetzt, beim Zuhörer Neugierde weckt und dem Vortragenden selber seinen gedanklichen Weg bahnt.

Aktivierende Fragen stellt der Vortragende, um eine kurze, interaktive Phase in seine monologische Darbietung einfließen zu lassen. Gerne frage ich beispielsweise, wie hoch die geschätzte Prozentzahl sei für floppende Projekte. Nach einer kurzen Einzelarbeit rufe ich einige Meinungen ab, thematisiere das Spektrum und bringe dann die – leider sehr harten – Fakten.

Ebenfalls ein Aufmerksamkeit schaffendes Stilmittel ist die hypothetische Frage: »Was würde wohl zu diesem Thema der Motivations-Papst Reinhard Sprenger sagen, wenn er hier drinnen säße?«

Bei Zwischenfragen ist es für den Vortragenden wichtig über die Rückfrage zu verfügen. Sie ist als Stilmittel dann seriös, wenn dadurch eine Idee oder ein Begriff präzisiert wird. »Mir ist in Ihrer Aussage der Begriff »generisches Muster« noch unverständlich.

Würden Sie bitte, bevor ich Ihnen antworte, dieses Wort noch erklären?«

Auch die Kontrollfrage ist in diesem Zusammenhang zu erwähnen – klärt sie doch, bevor der Vortragende antwortet, sein richtiges Verständnis ab. »Habe ich Sie richtig verstanden, Sie meinen Großgruppen-Veranstaltungen taugen nichts für Veränderungs-Initiativen?«

Verständnisfragen zu einem Vortrag ermöglichen es dem Fragenden, einen angebotenen Gedanken zu erfassen, ihn zu begreifen. Sie sind gleichzeitig eine Rückmeldung an den Vortragenden, dass ihm jemand an einer ganz bestimmten Stelle nicht folgen konnte. Wer eine Verständnisfrage stellt, erwartet eine klärende Antwort. (>Präsentation)

Fragen in der Moderation

Während die Verständnisfragen so zu sagen nach hinten hin absichern, sind weiterführende Fragen eine der Kernstrategien in der Moderation. Die (oft gehörte) Frage: »Haben Sie noch Anregungen?« ist allerdings relativ unbeholfen und selten ergiebig, so man wirklich viele Anregungen aus dem Teilnehmerkreis heraus erhalten will. Zusätzlich gibt der Moderator die inhaltliche Führung ab – was gerade am Anfang einer Diskussion verunsichert. Also: Mit welcher Fragestrategie und Arbeitstechnik können Sie eine lebhafte Diskussion los treten? Was sind die Optionen?

Es kommt gar nicht so selten vor, dass ein Vortragender einen Einwand während der Präsentation nicht oder unvollständig aufnimmt und bearbeitet hat. Jetzt, in der Moderationsphase, ist es höchste Zeit, dem gerecht zu werden und den anderen ins Spiel zu bringen, sich seine Argumente anzuhören und darüber zu diskutieren.

Ein anderer, eleganter Weg um von der Präsentation in die Diskussion überzuleiten heißt: **auch schriftlich diskutieren.** Das funktioniert so:

- In der Vorbereitung werden Moderationskarten und Stifte (Edding Nr. 1) auf alle Plätze gelegt.
- Durchführung: In der Einleitung der Präsentation den Ablauf erklären.

Was tut der Vortragende, respektive der Moderierende?
- Er oder sie macht den Vortrag.
- Die Zuhörer schreiben eventuelle Ergänzungen/Einwände direkt auf Moderationskarten (groß schreiben, ein Stichwort reicht).
- Nach der Präsentation werden die geschriebenen Karten an die Pinwand angesteckt,
- kurz vorgelesen
- und dann darüber diskutiert.

Dieser Weg aus Ihren Zuhörern aktive Mitdenker und Mitarbeiter zu machen ist nicht nur elegant, sondern äußerst wirksam. Erstens sorgen Sie dafür, dass aufkeimende Ideen kontinuierlich aufgeschrieben und nicht wieder vergessen werden. Zweitens: Wer Einwände zu Papier bringt, muss sie nicht aussprechen, und Sie können Ihren Vortrag in einem Schwung halten. Sie werden nicht oder seltener unterbrochen. Drittens ist Ihr Einstieg in die Diskussion gesichert. Denn wer immer eine Karte geschrieben hat wird den Drang haben, sie zu erläutern, sie zu begründen. Und schon läuft die Diskussion.

Eine weitere Möglichkeit, mit Fragen das Gespräch zwischen den Beteiligten anzuregen ist, sehr offensiv mit der eigenen Unsicherheit umzugehen und sie als Ressource zu verwenden. Das klingt dann etwa so: »An dieser Stelle hier (in der Präsentation) haben wir uns im Team sehr lange aufgehalten und nur mühsam eine Lösung gefunden – uns scheint aber, dass der Wurm immer noch drin steckt. Welche Ideen/Erfahrungen/Vorschläge haben Sie dazu?«

Ein Königsweg für Fragen in einer Moderation ist es, **Unterschiede** in den Erfahrungen/Bewertungen/Empfehlungen sichtbar zu machen und dann an diesen Unterschieden vertieft weiter zu arbeiten. Also z. B.: »Wer von Ihnen kennt Planungswiderstände?« Dann weiter: »Wer von denen, die das Phänomen kennen, hat es erfolgreich gelöst? Wie oder wodurch entstand der Erfolg?« Oder: »Was haben die Erfolglosen bislang versucht, um erfolglos zu bleiben?« (Die Frage ist weder ironisch noch sarkastisch gemeint, denn oft klärt genau diese Frage, welche Aktionen dürftige Resultate bringen oder gebracht haben. Für die Lösung eines Problems ist es ebenso interessant zu wissen, was tatsächlich etwas bringt wie was nur marginal oder gar nicht geholfen hat.)

Unterschiede regen das Gespräch an und visualisierte Unterschiede helfen, sich Entscheidungsoptionen vorzustellen, Meinungen zu bilden und letztlich zu entscheiden. Das folgende Beispiel enthält einen Auszug möglicher strategischer Stoßrichtungen. Die unterschiedlichen Entwicklungsszenarien führten in der Verwaltung (entspricht in Deutschland dem Aufsichtsrat) zu lebhaften Diskussionen: »Welches der vorgestellten 10 Szenarien kommt gar nicht in Frage?«; »Welche können wir uns vorstellen?«; »Welche Entwicklungsrichtung passt zu unserer Kultur?«; »Welche Szenarien beinhalten die größten Risiken und welche sind wir bereit zu tragen?« Alles mögliche Fragen, die eine reiche Ernte als Basis zur Weiterarbeit zu Tage förderten. Denkbar ist ebenfalls – und so haben wir das im vorliegenden Fall auch gemacht – dass vor dem Gespräch eine in Einzelarbeit zuerst vorbereitete Punktabfrage stattfindet, um die denkbaren Optionen in einem ersten Schritt negativ zu selektionieren und in einem zweiten Schritt die Verbliebenen nochmals zu gewichten.[1]

Gerade auch nach **Punktabfragen** liegt schnell viel Arbeitsmaterial vor für weiterführende W-Fragen und eine das Thema vertiefende Diskussion. Achten Sie dabei als Moderator aber immer darauf, dass eine konstruktive Argumentation für oder gegen etwas aus drei erkennbaren Teilen besteht: der Behauptung, der Begrün-

---

[1] Die Abbildungen auf den nachfolgenden Seiten geben eine von mehreren Optionen einer strategischen Stoßrichtung wieder und wurden unter Anleitung von Günter Müller-Stewens vom Projektteam einer Firma erstellt. Die Wiedergabe erfolgt mit freundlicher Genehmigung.

Portfolio-Manöver in der Geschäfte-/Märkte-Matrix

Geschäfte / Märkte	Abbau von Geschäften	Gegenwärtig betriebene Geschäfte	Neue Geschäfte
Abbau der Märke			
Gegenwärtig bediente Märkte		← ●	
Neue Märkte			

Szenario 1: Geschärfter Status Quo

Beschreibung:
Was hat man vor?

In jeder GE streben wir entweder eine starke Marktposition an oder eine komfortable Nische - in beiden Fällen aber mit einer auskömmlichen Rendite und ohne Wert zu vernichten. Wachstum beziehen wir aus der weiteren Penetration unserer Schweizer Märkte.

Konsequenzen:
Was heißt dies in letzter Konsequenz?

→ Sich von GE trennen, die nachhaltig Wert vernichten.

Chancen:
Was würde dies uns nutzen?

Risiken:
Welche Probleme/Risiken bringt dies mit sich?

Bewertung:
- Ist dies geschäftlich attraktiv?
- Ist dies schwierig für uns?

Abb. 19a: Beispiel zur Fragetechnik

dung und dem Beispiel. Nur wer so spricht, zeigt sich seinem Gegenüber. Gegebenenfalls sorgt der Moderator gerade durch das Mittel der W-Fragen dafür, dass Sprechende die oft schablonenhaft-plakative Aussagenebene verlassen und sich gegenseitig die

Portfolio-Manöver in der Geschäfte-/Märkte-Matrix

Geschäfte ⟍ Märkte	Abbau von Geschäften	Gegenwärtig betriebene Geschäfte	Neue Geschäfte
Abbau der Märke			
Gegenwärtig bediente Märkte		● ⬇	
Neue Märkte			

Szenario 5: Selektive Internationalisierung

Beschreibung:
Was hat man vor?

- Detailhandel nur in der Schweiz und erweiterten Grenzregionen.
- Internationalisierung unserer Geschäfte "Tourismus", "Freizeit & Bildung" sowie der Nahrungsmittelproduktion.

Konsequenzen:
Was heißt dies in letzter Konsequenz?

➤ Massive Investitionen in den Ausbau der zu internationalisierenden Geschäfte.

Chancen:
Was würde dies uns nutzen?

Risiken:
Welche Probleme/Risiken bringt dies mit sich?

Bewertung:
- Ist dies geschäftlich attraktiv?
- Ist dies schwierig für uns?

Abb. 19b: Beispiel zur Fragetechnik

Meinungshintergründe eröffnen und durch Erlebnisse aus der Praxis verdeutlichen.

Fragen wollen eben so gut vorbereitet sein wie der Vortrag selber. Das gilt insbesondere für Einstiegsfragen in die Moderation. Stellen

Sie stets nur eine Frage auf einmal und vermeiden Sie mehrere Themen in einer Frage. Schreiben Sie sie auf, formulieren Sie möglichst umgangssprachlich und lenken Sie die Frage in unsere Erfahrung hinein. So ist »Was stinkt Ihnen bei Ihren Besprechungen?« besser als die akademisch-blutleere Frage: »Wodurch sind Besprechungen zu optimieren?«

Schließlich ist die **Kartenabfrage** ein sehr mächtiges Mittel, um die Erfahrungen von Leuten abzuholen und zu mobilisieren. Die Kartenabfrage ist immer dann geeignet, wenn Sie:

- viele Antworten erwarten
- die Anonymität aufrechterhalten wollen
- oder dem Gruppen- resp. Chefdruck entgegenarbeiten.

Die technischen Phasen einer Kartenabfrage sind – wobei die einzelnen Elemente der jeweiligen Situation intelligent angepasst werden müssen:

- Die Frage vorbereiten, sie schriftlich formulieren – so dass sie später nicht nur gehört, sondern auch gesehen werden kann.
- Welches Material müssen Sie vorbereiten?
- Später: Die Moderationskarten in Ruhe schreiben lassen, als Moderator die Denk- und Suchprozesse nicht stören.
- Alle Karten einsammeln oder vorlesen oder anpinnen lassen.
- Möglicherweise machen Sie nach der Kartenabfrage aber auch eine Kurzpause, um den Rücklauf in der Kleingruppe zu sortieren und mit Überbegriffen zu versehen. Unverständliche Karten dann im Plenum klären und danach in die Diskussion einsteigen. Erliegen Sie nicht der Versuchung, in einem großen Kreis Sortierungsarbeit leisten zu wollen – das kann eine Kleingruppe zeitökonomischer und ebenso gut leisten.
- Dann: Alles kurz ablesen, um einen Gesamtüberblick über das Resultat der Abfrage zu erhalten und
- Erst dort in die Diskussion einsteigen, wo es für Sie einen plausiblen Grund gibt. Die Plenumsmitglieder fügen nun ihre Bewertungen verbal hinzu nach dem Motto: Auf der Karte steht die Behauptung und nun fügen wir Begründung und Beispiel hinzu.

Als Orientierung, als eine Art Leuchtturm, kann dem Moderator das bekannte Eisberg-Modell dienen: Über der Wasseroberfläche sichtbar/hörbar/erlebbar ist ein verbaler oder nonverbaler Hinweis einer Person. Diesem Signal gilt es nachzuspüren, nachzugehen, es zu verstärken. Durch gezielte Fragen gilt es, einen weiteren Teil des Eisbergs sichtbar zu machen. Dabei im Vordergrund steht das gesamte Repertoire an Fragen (Technik) und insbesondere: Ihre Neugierde am anderen (Haltung).

Nochmals eine andere Ausgangssituation für eine Kartenabfrage wäre, wenn Ihre Zeit zu Ende geht, Sie aber merken, dass noch viel Gesprächsbereitschaft vorhanden ist. Besorgen Sie sich dann diese weiteren Anstöße über eine Kartenabfrage – jetzt aber mit ausführlichem Text. Ausführlich deswegen, weil Sie ja aus Zeitgründen keine Rückfragemöglichkeiten im Sinne einer Klärung mehr haben. (>Moderation)

Fragen sind eine Technik und eine Grundhaltung. Die Antworten auf unsere Fragen bestimmen unsere Meinung zu Personen ebenso wie unsere Entscheidung zu inhaltlichen Themen. Im Prozess des Fragens laufen individualpsychologische und gruppendynamische Themen mit, wie sie im Stichwort >Entscheidung detaillierter erläutert werden.

Großgruppen

Das grundsätzliche Anliegen einer Präsentation mit anschließender Moderation ist es, die Systemmitglieder zu einem frühen Zeitpunkt nicht nur zu informieren, sondern sie in die Problemlösung mit einzubeziehen. Einzubeziehen in dreierlei Hinsicht:

1. Soll die **Qualität** des erarbeiteten Fachkonzepts gesteigert werden. Damit das möglich wird, müssen die unterschiedlichsten Perspektiven und Interessen gehört und in der künftigen Lösung berücksichtigt – oder auch mit guten, nachvollziehbaren Gründen verworfen – werden. Qualität entsteht dadurch, dass die Vernetzung und Komplexität des Problems durch die Gruppe der Problemlöser angemessen abgebildet wird.

2. Soll die **Akzeptanz** und das »Commitment« für die Lösung gesteigert werden. Was steigert diese mehr als der entschiedene Wille, später Betroffene in die Konzepterarbeitung frühzeitig – und nicht nur pro Forma – und entschieden mit einzubeziehen?

3. Soll die Konzepterarbeitung und die Implementierung der Lösung **schnell** gehen – vom Sensibilisieren und Aufrütteln über die Konzepterarbeitung bis hin zur Umsetzung, zum Roll-out. Der Einbezug von vielen Fachleuten und Meinungsbildnern verlangsamt scheinbar den gesamten Problemlösungsprozess – scheinbar deshalb, weil man Dinge nochmals überarbeiten und nochmals nachjustieren muss. Im Endeffekt aber, wenn man Konzepterarbeitung plus Roll-out zusammen genommen anschaut, werden durch diese Vorgehensweise die Veränderungen beschleunigt, qualitativ verbessert und viel nachhaltiger verankert.

Ob man nun eine Präsentation und Moderation mit 20 oder mit 200 Personen durchführt ist von dieser dreifachen Grundintension her

betrachtet deckungsgleich, die Motive sind die Selben. Allerdings ist die Technologie und die Vorgehensmethodik andersartig.
Die altbekannte Vorgehensweise um solches zu bewerkstelligen läuft über ein Projekt-Team, das eine Lösung erarbeitet und dem Auftraggeber zur Entscheidung vorlegt. Die Folge: zunehmend viele Projekte mit ungeklärten Schnittstellen untereinander; hoher Zeitbedarf für Konzeption und Roll-out; oft viel Widerstand wegen durchaus auch berechtigten Mängeln, die man »eigentlich« schon in der Konzeptionsphase hätte sehen müssen. Nun gut, diese Vorgehensweise hat auch ihre Vorteile! Sie ist, so man über ein gutes Projektwissen verfügt, strukturiert, planbar, zentralisiert, kontrolliert.

Eine völlig andere Art der Bearbeitung versucht wesentlich mehr Problemlösungspower zu mobilisieren, den Handlungsdruck im Gesamtsystem auf einen Schlag zu erhöhen und durch die sehr frühe und starke Beteiligung später Betroffener eine hohe Qualität zu schaffen, Commitment zu ermöglichen und dazu noch schnell zu sein:

Veränderung = Qualität × Akzeptanz × Zeit

(In Anlehnung an die »Formel« von N. R. F. Meier zur effizienten Kommunikation – um die sehr wichtige Zeit ergänzt, denn zu spät ist zu spät.)

Hier sind wir nun beim Thema: »large-scale-interventions« oder Großgruppen, die, in »einen Raum« gebracht, simultan das Thema bearbeiten. Die Idee hat eine lange Geschichte, wie ich selber 1997 in Boston von Billie T. Alban und Barbara B. Bunker, zwei amerikanischen »Großgruppen-Gurus«, erfuhr.
Ohne in die methodischen Details zu gehen (das mache im CAP Workshop »Change Management durch Controlling«, wo ich Ihnen stellvertretend zwei Großgruppen-Modelle vorstelle – »Open Space Technology« (OST) von Harrison Owen und »Real Time Strategie Change« (RTSC) von Ron und Cathy Dannemiller) seien an dieser Stelle die **wichtigsten Prinzipien** erwähnt, die den meisten Großgruppen-Interventionen eigen sind.

Den Vorgehensweisen ist gemeinsam, dass:

- Veränderungen gleichzeitig an vielen Stellen im Unternehmen initiiert werden. Der Change ist nicht sequenziell, sondern simultan.
- Folgerichtig muss, mal mehr mal weniger, auf eine inhaltliche Steuerung top down verzichtet werden zugunsten von bottom up Ansätzen. Das übliche Kontroll-Modell wird ergänzt, teilweise ersetzt durch dezentralisierte Selbstverantwortung.
- Die Wissensressourcen im System werden systematisch und breitflächig angezapft und auf eine Lösung hin kanalisiert.
- Dadurch entsteht viel Identifikation – die Akzeptanz wächst parallel zur Problemlösungsarbeit und macht es überflüssig, mit viel Aufwand etwas im System »verkaufen« zu müssen.
- Es sind alle Interessengruppen (»Stakeholder«) eingeladen ihre Perspektive einzubringen. Idee: »Bring together the whole system in one room«. Dadurch entstehen Settings mit vielen Leuten – viel meint hier mehr als 50.
- Die Konferenzen haben nicht nur einen sachlich-rationalen Aspekt, sondern auch einen emotionalen. Es entsteht Aufbruchsstimmung, Verbundenheit mit einem Ziel, gemeinsame Orientierung und Wir-Gefühl – Großgruppen-Interventionen haben auch einen Event-Charakter, es ist eine Art Infotainment.
- Die professionelle Vorbereitung und Einstimmung der Leute ist ein wichtiger Teil. Jede Maßnahme wird im Detail und auf die jeweilige Firma und den aktuellen Fall hin vorbereitet und zugeschnitten.
- Die »Was danach?« – Frage bleibt konzeptionell sowohl bei OST als auch bei RTSC offen. Owen bemerkt, es würde dann schon genügend Interesse und Energie durch das Großgruppen – Ereignis entstehen, so dass das Commitment dazu führen würde, dass die Themen weiter abgearbeitet würden. Ich halte diesen Standpunkt für mehr als fraglich und habe auch noch keinen Manager angetroffen, der sich nach einem so teuren und aufwändigen Meeting auf so vage Versprechen eingelassen hätte – zu Recht, wie mir scheint. Angesagt ist viel mehr eine strukturelle Verankerung, die in die Richtung

von Initiativen – Management mit einem begleitenden, traditionellen Projekt-Management und -Controlling geht.

Abb. 20: Szenenbild zur Großgruppe

Jene Manager, die sich entscheiden diesen neuen, doch sehr unkonventionellen Weg über Großgruppen-Interventionen zu gehen, müssen sich **im Vorfeld fragen** lassen:

- Habe ich den Mut für eine zwar Erfolg versprechende, aber noch reichlich unkonventionelle Vorgehensweise?
- Ist es jetzt der richtige Zeitpunkt für so eine Maßnahme?
- Wie steht es um mein Kontrollbedürfnis – muss ich selber immer »alles im Griff« haben oder kann ich eine Zeit lang die Zügel vertrauensvoll los lassen?
- Ist das anstehende Thema noch offen, sprich noch nicht fertig bearbeitet und so richtig komplex, vielfältig?
- Habe ich die Geduld für eine gründliche Vorbereitung und bin ich bereit, einige Tage persönlich in das Thema zu investieren.
- Bin ich bereit, die Mitarbeiter respektive alle »Stakeholder« wirklich ernst zu nehmen, die Leute mit ihren Meinungen wertzuschätzen?

Über den Erfolg oder Nichterfolg von Beraterinterventionen entscheidet der Kunde. Und das Engagement von vielen internen Mitarbeiterinnen und Mitarbeitern, die oft über Jahre hinweg an einem Thema dran bleiben. Und: die Zeit – denn oft genug zeigen sich Resultate erst mit erheblicher zeitverzögerter Wirkung. Umso froher stimmt mich, dass Herbert Bolliger, nach seiner Berufung zum CEO der gesamten Migros-Gruppe in der Mitarbeiterzeitung schrieb: »Am 1. Juni 2005 habe ich die Leitung der Migros Aare (Detailhandel, 8.000 Mitarbeitende – Anmerkung M.S.) an Beat Zahnd übergeben. ... Höhepunkt meiner siebenjährigen Arbeit waren für mich die Großgruppen-Veranstaltungen SACKFRISCH, FACHMERCATO, und MANGIAARE und die darauf aufbauenden Projekte, die wir gemeinsam umgesetzt haben. Sie bilden die Basis für den Erfolg unserer Migros Aare.« *(Mitarbeiterzeitung Aare-Info vom 24. Juni 2005)*

Mit Peter Hinnen zusammen und der mutig en Geschäftsleitung unter Herbert Bolliger konnten wir seit dem Jahr 2000 so manchen entscheidenden Akzent gerade durch Großgruppen setzen.

Kick-off-Meeting

Kick-off, der Begriff hat Konjunktur. Am Anfang einer wichtigen Initiative oder eines Projekts steht das Kick-off-Meeting. Man will damit etwas »auf die Schiene bringen«, etwas »anstoßen« – der Kick-off markiert einen Beginn. Wichtig dabei sind folgende Unterpunkte:

- Die Bedeutung des Kick-off innerhalb des gesamten Vorhabens
- Die Grundideen und Motive rund um das Kick-off
- Das konkrete Doing

Schon vorneweg sei vermerkt: Es lohnt sich sehr, sich mit diesem Stichwort auseinander zu setzten! Sich im konkreten Fall mit genügend Vorlauf und sehr intensiv mit der Gestaltung des konkreten Kick-off zu beschäftigen. Sie ersparen sich dadurch viel (Nach-) Arbeit. In unserem Team-Modell *(Titscher/Stamm 2006: 255)* gehört die »Angemessenheit der Startphase« zu den wichtigsten Faktoren und: Sie ist, ist man sich der Tragweite des Themas erst einmal bewusst, relativ leicht zu gestalten! Selten trifft der von Albrecht Deyhle oft zitierte Ausspruch so gut zu wie hier: »Vorne gerührt, brennt hinten nicht an!«

Die Bedeutung des Kick-off innerhalb des gesamten Vorhabens

Lassen Sie mich, um diese Frage zu beantworten, ganz hinten anfangen: bei der abschließenden Reflexion über das Vorhaben. Aus der Distanz betrachtet treten die Nebensächlichkeiten ebenso in den Hintergrund wie sich die Wegmarken heraus kristallisieren. Was also bleibt Teammitgliedern in Erinnerung? Gibt es **Schlüsselereignisse**, so genannte »Turning Points«?

Ja, die gibt es laut einer neueren Studie. *(Erbert, et al. 2005)*. Hier ist die Liste:

- **Sozialisation:** Das erste Teammeeting, die Teamformierung und Ereignisse der Orientierung, bei denen man sich aktiv mit dem neuen Umfeld auseinander setzt.
- **Die Entwicklung des Projekts:** Momente der gemeinsamen Planung, das Ende eines Projektabschnitts oder einer Teilaufgabe und insbesondere des Projekts, der Beginn der Umsetzung.
- **Kohäsion:** All die Episoden, in denen erfolgreiche Zusammenarbeit erlebt wird, in denen das »Wir-Gefühl« mitschwingt.
- **Mitgliederkompetenz:** Wenn man sieht, dass die eigenen Kompetenzen oder die anderer Mitglieder zueinander passen; das Erlebnis, dass Fehler passieren, die dem Team zugeschrieben werden; Erfolge des Teams.
- **Mitgliederwechsel.**

Vor 10 Jahren begleitete ich mit Peter Hinnen zusammen einen zirka vierjährigen Fusions- und Integrationsprozess zweier Genossenschaften bei Migros in der Schweiz. Wir gestalteten erst das Kick-off mit der neu zusammengesetzten Geschäftsleitung und hinterher jährlich sechs bis acht Workshops zu jeweils zwei Tagen. Heute, 10 Jahre später, erinnert sich der damalige CEO Herbert Bolliger an den gemeinsamen Beginn der langen Jahre und schreibt in seinem Jubiläumsartikel:»Eine neue Zusammensetzung der Geschäftsleitung bedeutet auch: Neue Regeln für die Zusammenarbeit finden, eine gemeinsame Kultur und Werte für das neue Unternehmen aufbauen. Eine Aufgabe mit sehr vielen Hürden. … Sicher ist unser Outdoor-Event auf dem Aare-Gletscher in bester Erinnerung geblieben.« *(Aare-Info vom 20. Juni 2008, Nr. 25)* Auf den Aare-Gletscher gingen wir deswegen, weil die neue Genossenschaft »Aare« hieß und mit »in bester Erinnerung« spielt der Autor auf den Umstand an, dass wir zwei Tage im vollen Regen arbeiteten und irgendwann total durchnässt auf die SAC-Hütte kamen, uns bis auf die Unterhosen auszogen und um die Ofenbank sitzend weiter arbeiteten, während unsere Klamotten vom (mitleidvollen) Hüttenwart getrocknet wurden. Eines können Sie mir glauben: Nach den drei Tagen stand dieses GL-Team!

Insgesamt lassen sich diese Schlüsselereignisse wunderbar mit den Gruppenphasen verbinden. (>Team) Ist es doch eine wesentliche Funktion des Kick-off, genau durch sie erstmalig hindurch zu führen und das Team arbeitsfähig zu machen.

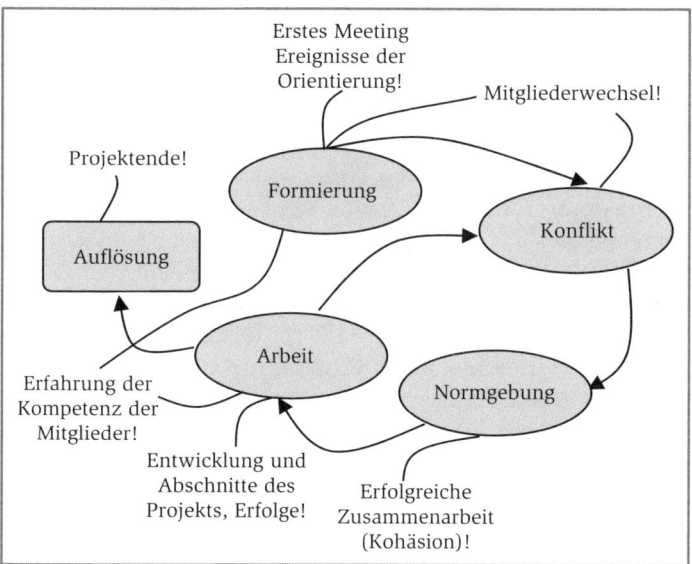

Abb. 21: Gruppenphasen und Schlüsselereignisse (Titscher/Stamm 2006: 72)

Damit haben Sie eine Art Landkarte, aus der Sie die ungefähre Route entnehmen können. Manches werden Sie mehrmals sehen oder bereits erlebt haben. Es gibt also nicht die direkte oder die einzig richtige Route, aber Erfahrungswerte, welche Punkte wichtig sind und nicht ausgelassen werden sollten. Und dazu gehört eine nach den Regeln der Kunst gestaltete Startphase, **ein Kick-off-Meeting,** das:

- Orientierung gibt;
- Den Teammitgliedern das Gefühl vermittelt, dass sie die Aufgabe mit den Leuten schaffen;
- Die Arbeit als sinnvolle, lohnenswerte Herausforderung darstellt;

- Das Team auf erste Verhandlungen mit dem Auftraggeber vorbereitet und
- die Mitglieder bei der Stange hält.

Teams entwickeln sehr bald nach ihrer Einrichtung eine zunächst verschwommene Vorstellung davon, ob ihr Team die Aufgabe schaffen wird oder nicht. *(Jung/Sosik 2003: 367)* Dieses anfängliche Vertrauen in die Leistungsfähigkeit des Teams bildet sich aber nicht nur früh heraus, sondern hängt auch eng mit dem späteren Teamerfolg zusammen. Das geht zumindest aus einer Untersuchung an 726 Mitgliedern einer Offiziersausbildung der US-amerikanischen Luftwaffe hervor. *(Jordan, et al. 2002: 140)* Wie kann man sich das erklären? Das Selbstvertrauen beeinflusst das, was sich das Team vornimmt und diese Absichten fördern den Erfolg. Das Selbstvertrauen der Gruppe basiert auf dem Selbstvertrauen der Mitglieder. Dieses wird vor allem von vier Faktoren beeinflusst: von vergangenen Erfolgen (eigenen und beobachteten), dem Vertrauen wichtiger Anderer in die eigene Leistungsfähigkeit und von der Befriedigung, die man mit der Erfüllung der Aufgabe verbindet. *(Pescosolido 2003: 24 ff.)*

Das Kick-off-Meeting ist einer der Top-Erfolgsfaktoren von späteren Hochleistungsteams. Er hat zudem den Vorteil, dass man ihn selber in der Hand hat – immer vorausgesetzt, man ist sich der Tragweite des Themas auch bewusst.

Die Grundideen und Motive rund um das Kick-off

Eine Anfangsklausur sollte sich deutlich vom Arbeitsalltag unterscheiden. Wie auch immer man diesen Abstand gestaltet, er muss das in den Hintergrund drängen, woran die Leute gerade gearbeitet haben oder womit sich ihre Gedanken gerade beschäftigen.
Jede neue Situation führt dazu, dass die Beteiligten Orientierung suchen. Daher muss der Teamleiter dafür sorgen, dass die Teilnehmer alle wichtigen Fragen stellen können und auch beantwortet bekommen. Die **zentralen Themen** in der Startsituation sind normaler Weise:

- Die Zeitvorstellungen: Endpunkt des Auftrags, zeitliche Inanspruchnahme, Teamzeiten;
- Der Inhalt der Arbeit und die darauf abgestimmten Ressourcen;
- Die Anwesenden: Wer ist wer und warum ist er in diesem Team?
- Die Art der künftigen Zusammenarbeit die ersten Verhaltensnormen;
- Wie die Mitglieder die Erfolgsaussichten des Teams einschätzen.

Der Ablauf des Kick-off sollte von jenen Merkmalen geprägt sein, die sich der Teamleiter künftig wünscht und die den Umgangston und den Arbeitsstil prägen sollen. Die Art, in der das geschieht, sollte einen Ausblick auf die gewünschte Art der Zusammenarbeit geben. Forschungen haben immer wieder ergeben, dass eine Gruppe sehr rasch Normen entwickelt, die das Miteinander und den Umgang mit der Aufgabe regeln und auch die Interaktion mit dem Umfeld steuern. Manchmal bilden sich diese Regeln in den ersten paar Minuten des ersten Treffens *(Ancona 1990: 337)* und in vielen Fällen bleiben einige dieser Normen auch über sehr lange Zeit stabil. *(Titscher 1995)*

Der Start erzeugt für das Vorhaben insgesamt die notwendige **Grundspannung**. Sie wird erreicht, wenn das Dreieck Person (als Teammitglied) – Team (als eigene Formation) – Organisation oder Kunde (als Auftraggeber und Rahmenbedingung) in einem herausfordernden Gleichgewicht gehalten wird: Die Aufgabe sollte für die Organisation Bedeutung haben und weder eine Alibiaktion oder der x-te Anlauf eines Unterfangens sein, das bei allen Teammitgliedern das Gefühl weckt »ein totes Pferd zu reiten«. Ebenso speist eine attraktive Zusammensetzung des Teams diese Grundspannung: Die Leute müssen für einander attraktiv sein und glauben, dass sie die Aufgabe gemeinsam schaffen. Vermittelt die Anfangssituation dieses Grundgefühl, ist schon viel gewonnen. Und da es nach dem Start weitergeht, sollte die Initialsitzung auch etwas bewusst offen lassen, einen Sog erzeugen. So kann der Teamleiter mit einer Frage abschließen oder man kann sich darauf einigen, wer was bis zum nächsten Treffen überlegt.

Das konkrete Doing

Die folgenden Hinweise geben nur ein sehr grobes Gerüst ab, da die konkrete Ausgestaltung eines Kick-off vom Inhalt, der Bedeutung und den diesbezüglichen Standards des jeweiligen Unternehmens abhängen.

1. Eröffnung durch den Auftraggeber:
   - Begrüßung;
   - Vorstellung des Projektleiters;
   - Begründung für seine Wahl;
   - Wie der konkrete Auftrag lautet;
   - Begründung des Auftrags und Einbettung in ein Großesganzes;
   - Angaben zur Wichtigkeit des Projekts für das Unternehmen;
   - Schnittstellen zu anderen Vorhaben;
   - Vorarbeiten zu diesem Projekt; (auf was kann/muss aufgebaut werden)
   - Bekanntgabe des Zeitlimits (Projektende) und Angabe des Termins für den ersten Zwischenbericht;
   - Regelung der Information des Auftraggebers; (muss über Projektleiter laufen)
   - Übergabe an den Projektleiter und: Verabschiedung.

2. Eröffnung durch den Projektleiter:
   - Eigene Vorstellung;
   - Wie komme ich dazu, Leiter dieses Projekts zu sein (persönliche Beweggründe);
   - Eigene Auffassung von der Projektdefinition;
   - Einschätzung des Projekts (Bedeutung, Frist, Schwierigkeit);
   - Tagesordnung für diese Klausur mit der Frage, ob das so für die Teilnehmer passt;

I Festlegung der Arbeitszeiten und Pausen für die Startklausur;

I Dokumentation dieser Tagung klären.

3. Vorstellungsrunde der Teammitglieder:

I Warum bin ich da, wie komme ich dazu?

I Inwiefern betrifft mich das Projekt, was habe ich mit dem
Thema zu tun?

I Wen von den Teammitgliedern kenne ich bereits?

I Was möchte ich heute unbedingt geklärt haben?

I Meine drei wichtigsten Erwartungen an diese Projektarbeit.

4. Arbeit am Projektthema:

Zu diesem Punkt können keine konkreten Angaben gemacht
werden, da dieser Schritt völlig vom Projektthema abhängt.
Jedenfalls muss die in diesem Abschnitt erfolgende Arbeit

I Mit einer Darstellung der Methodik beginnen;

I Den Teammitgliedern einen Überblick über das Thema
geben;

I Erste Ergebnisse liefern, damit alle das Gefühl haben
können, dass etwas weitergegangen ist und etwas ge-
schafft wurde;

I Bei Projekten, die ein Relaunch sind, sollte »lessons
learned« aus der alten Erfahrung gezogen werden.

5. Festlegung der weiteren Vorgehensweise:

I Sich auf wichtige Arbeitsprinzipien einigen (Kontrakt-
management);

I Eventuelle Arbeitsaufträge und To-Do-Liste;

I Termine und Arbeits-Intervalle klären; (In jedem Fall
sollte der nächste Termin relativ bald nach der Startklausur stattfinden.)

I Vorbereitungen der nächsten Sitzungen; (vorbereitende
Informationen, Protokoll der vorherigen Sitzung, Erinnerung etc.)

I Fixe TOPs jeder Sitzung festlegen. (Z.B. einen Bericht,

wie das Projekt aus der Sicht der einzelnen läuft, was in der Firma davon gehalten wird, anstehende Probleme, Info des Auftraggebers.)

6. Information über das Projekt regeln:
   I Informationspolitik im Allgemeinen besprechen und regeln;
   I Wer muss wen wovon wie oft und in welcher Form informieren?
   I Abschlussrunde überlegen und (!!!) auch durchführen!

7. Wie war diese Klausur für mich?
   I Was hat sich bewährt, was müssen wir (wer?) das nächste Mal anders tun?
   I Bei ein- oder zweitägigen Klausuren hat sich auch anstelle einer Abschlussrunde am Ende – wo keine Korrekturen mehr möglich sind – eine Zwischenreflexion etwa zur Mitte bewährt.
   I Welche Kontrakte haben wir geschlossen?
   I Weitere Details zu diesem Punkt finden Sie unter >Feedback

Damit dieser Ablauf gelingt, gilt es für den Verantwortlichen einige Punkte **vorzubereiten**. Zu den wichtigsten gehören:
- Das »Briefing« des Auftraggebers durch den Projektleiter (was er bei dem Kick-off sagen soll);
- Der Termin der Startklausur;
- Die rechtzeitige Einladung der Teammitglieder. Diese sollte zumindest enthalten: Datum; Beginn (mit Hinweis: pünktlich); Dauer; Ort; das Ersuchen, den Terminkalender mitzunehmen; Verteiler; Hinweis, dass ständige Anwesenheit erforderlich ist; evtl. Anlagen, die zur Vorbereitung nötig oder zur Einstimmung nützlich sind.
- Festlegung des Ortes, an dem die Projektarbeit erfolgen soll (ein gleich bleibender Ort ist empfehlenswert);
- Ausstattung des Ortes (Materialien, Overhead und andere Arbeitsmittel).

Das Kick-off-Meeting ist ein sehr wichtiger Erfolgsfaktor für das Team, sein Vorhaben und letztlich den Umsetzungserfolg in der Organisation. Es ist deswegen eine Schlüsselstelle, weil in ihm weitere Erfolgsfaktoren greifbar werden. Das »Interesse des Auftraggebers« zeigt sich darin, ob er dem Team und seinem Thema zu einem gelungenen Start verhilft oder den Projektleiter Schulter klopfend mit einem »Sie werden das auch ohne mich bestens schaffen!« abwimmelt. Auch die »Angemessenheit der teaminternen Prozesse« – ein weiterer Erfolgsfaktor – wird im Kick-off erstmalig greifbar und führt beim Einzelnen zu einem optimistischen oder pessimistischen Ausblick auf die gemeinsame Arbeit. Und nicht zuletzt wird die »Akzeptanz durch die Linie« im Sinne eines ersten Eindrucks zum Team vorgespurt. In der Organisation entsteht eine erste Kompetenzvermutung oder ein erster Inkompetenzverdacht. (>Team)

Der Inhalt des Stichworts »Berichte« entspricht weitgehend den Ausführungen in: Titscher/Stamm: Erfolgreiche Teams. Linde-Verlag Wien 2006

Kommunikation

Wie wichtig das Thema ist zeigt eine Untersuchung von Weinshall. Sie ist ein eindrucksvoller Beleg für das alltägliche Misslingen von Kommunikation und Interaktion. Weinshall »ließ vierunddreißig Manager eines Großbetriebes vierzehn Tage lang über ihre täglichen Interaktionen Buch führen und fand heraus, dass 75 % der berichteten Interaktionen nur von einem der Beteiligten registriert wurden. Von den 25 % der persönlichen Kontakte, an die sich wenige Stunden nach ihrem Stattfinden beide Seiten noch erinnern konnten, waren 53 % vom Empfänger nicht in dem Sinne verstanden worden, in dem sie vom Sender gemeint waren. Von der Gesamtzahl der gerichteten Interaktionen kamen also nur 12 % »an«, in dem Sinne, dass beide Seiten sowohl über das Stattfinden als auch über die Bedeutung der Kommunikation übereinstimmten.« *(Königswieser/Titscher 1985: 123)*

Vielen von uns ist der Begriff »**Schlüsselkompetenzen**« schon häufig begegnet. Mit einem Schlüssel können Sie eine Tür öffnen. Schlüsselkompetenzen erlauben es einem, ein sehr breites Spektrum von Herausforderungen zu bewältigen. Die Kommunikation ist für einen Controller und sein Controlling so eine Schlüsselkompetenz. Eigentlich ist sie noch mehr, sie ist sein Dietrich.
Die Kommunikation spielt bei den in diesem Buch thematisierten Arbeitsaspekten in dreierlei Hinsicht eine unmittelbare Rolle. Es geht erstens um die Kommunikation im Team, zweitens um jene im Vortrags- und Moderationskontext und drittens um das Marketing im themenrelevanten Umfeld. An dieser Stelle will ich nun speziell die Kommunikation im Team unter die Lupe nehmen.
Die Kommunikation **im Team** kennt zwar auch das Statement, kennt das engagierte Plädoyer für oder gegen etwas – gerade so wie in einer Präsentation. Auch gelten dieselben Prinzipien für das Argumentationsverhalten wie in einer Präsentation. Aber die

Kommunikation im Team kennt insbesondere auch das **Fragen**. Das Hinterfragen des anderen, das Klären und das im Dialog voneinander wechselseitige Lernen. Die kommunikative Arbeitsgrundlage heißt hier sprechen und hören, heißt sagen und fragen. Wer in seinem Verhaltensrepertoire beide Dimensionen abdeckt, verfügt über Optionen. Wer sich kommunikativ vorwiegend in der unten stehenden Abbildung links oben bewegt, mag kompetent, mag wissend wirken. Verfügt er aber nur sehr reduziert über die Kompetenz zu fragen, holt ihn leicht ein Schatten ein. Ohne Fragen »zapft« er nicht aktiv das Wissen anderer an. Ohne Fragen wirkt er wenig interessiert an anderen Meinungen und Menschen, nichts wissen wollend. Er ist nicht wirklich im Kontakt mit den anderen und tendenziell wenig vernetzt. Wer seinen kommunikativen Schwerpunkt links unten hat, wirkt integrierend, neugierig, herausfordernd durch seine Fragekompetenz. Nicht selten schmeicheln auch Nachfragen, schmeichelt das Interesse des anderen. Der Schatten vieler Fragen ist dann häufig der, dass dem Fragenden selbst kein inhaltliches Profil zugesprochen wird, er sich nicht fest legt, er »nicht zu fassen« ist.

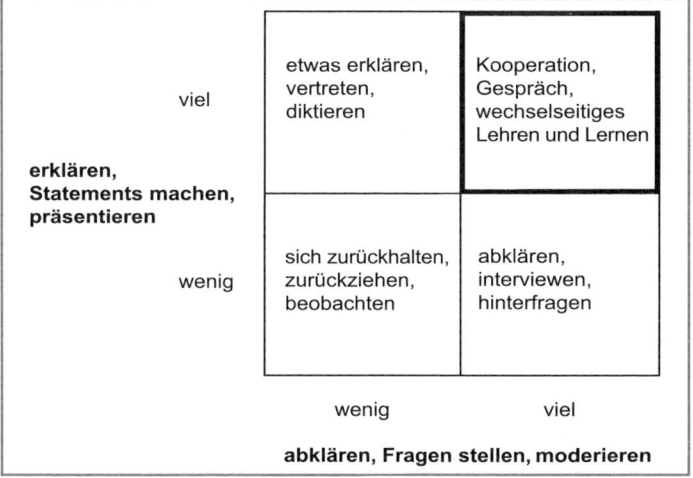

Abb. 22: Die Sage und die Frage in der Kommunikation

Befindet sich das Team in seinem Miteinander-Reden und Aneinander-Arbeiten rechts oben, ist die Chance hoch, dass es zu synergetischen Effekten kommt, dass die Prozessgewinne höher sind als die Prozessverluste.

Die beabsichtigte **Kommunikationsstruktur** in einer Taskforce ist nicht der Kreis, nicht das Rad, nicht die Kette, sondern: der Allkanal. So fließen die Informationen rascher, hier gibt es weniger Verständnisschwierigkeiten, eine schnellere Fehlerkorrektur und insgesamt mehr Kreativität, Synergie und Kooperation.

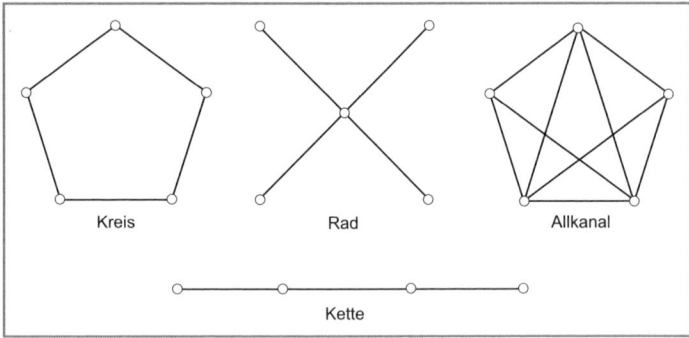

Abb. 23: Verschiedene Kommunikationsstrukturen (Franke 1975: 63)

Die Allkanal-Kommunikation ist das Mittel, um gemeinsam ein Sachziel zu erreichen. Im Wissen, dass wir beim Lösen komplexer Probleme immer aufeinander angewiesen sind, um letztlich miteinander handeln zu können. Bevor wir aber miteinander handeln können, müssen wir uns verständigen, müssen einen Konsens oder einen tragfähigen Kompromiss suchen und finden. Und das geschieht durch Kommunikation. Im Gespräch geht es darum, zu klären oder zu streiten – aber ordentlich, eben mit Aussage, Begründung und Beispiel! Klären meint, sich am anderen zu koorientieren. Was meint er? Wie meint er's? Weswegen so und nicht anders? Was meine ich? Wie und weswegen? Wo liegen die Unterschiede und was bedeuten sie? Streiten meint, dass wir austauschen, wo und was strittig ist. Und sehr oft gibt es bei unseren

Themen für oder gegen etwas keine Beweise, sondern nur gute Gründe. Konstruktives Streiten heißt also begründetes Streiten. Heißt nochmals und nochmals: Aussage, Begründung, Beispiel. Und heißt ebenfalls: den Unterschieden entlang zu diskutieren.

Ob wir nun miteinander klären oder streiten, die kommunikative Aufforderung an uns alle lautet: »Wie sage ich, was ich meine, so, dass mich der andere hören und verstehen kann und wir gemeinsam handeln können?« *(Hellmut K. Geißner, 1991)*
Erst wenn wir

■ Etwas meinen und das Gleiche auch sagen,

■ das, was wir gesagt haben, auch gehört wird,

■ das Gehörte richtig verstanden wird und sich aus dem Verständnis Einverständnis entwickelt,

ist die Basis für gemeinsames Handeln gelegt. Sich verstehen meint ein Angleichen von Sprechdenken (Sender) und Hörverstehen (Empfänger). Sich verstehen bedingt einen möglichst kleinen Informationsverlust oder **Verzerrungswinkel** zwischen Sender und Empfänger.

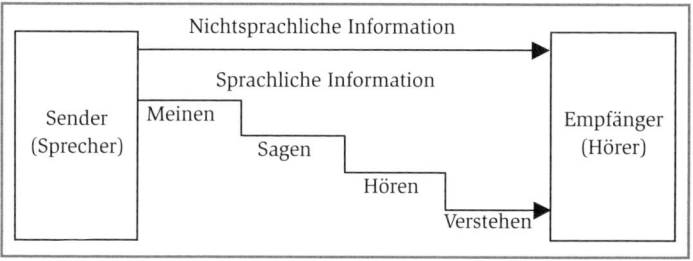

Abb. 24: Der Verzerrungswinkel in der Kommunikation (nach Shannon/Weaver 1949, zitiert in Bieler 2000: 326; auch Küchle 1977: 99)

Sehr oft aber sprechen wir verklausuliert, »durch die Blume«, sagen etwas anderes als wir es »eigentlich« meinen. Oder unser Körper und unsere Mimik sagt etwas anderes als das gesprochene Wort. Oder das Gesagte ist sarkastisch/zynisch gemeint – Sarkasmus und Zynismus, die ein Stück weit ja genau davon leben, dass man das Gegenteil von dem sagt, was man meint. Wird es aber auch vom Gegenüber so interpretiert, so verstanden? Ein guter Teil humoristischer Comics zieht genau aus dieser Verzerrung in der Kommunikation seine Daseinsberechtigung und seinen Pfiff: der Verzerrung nämlich zwischen dem, was der Sender ursprünglich dachte und was letztendlich als interpretierte Kommunikation beim Empfänger ankommt.

- »Ein Tourist steigt aus und fragt nach dem Ku'damm. Er spricht einen Psychotherapeuten an und der antwortet: Ich habe keine Ahnung, aber ist es nicht schön, dass wir so offen darüber gesprochen haben?«
- »Gestern war ich auf dem Finanzamt. Denen habe ich es aber gegeben!« *(Trenkle 1994: 127 und 99)*

Diese bewussten und unbewussten, absichtlichen und unabsichtlichen Verzerrungen haben mit weiteren Dingen zu tun. Eine lärmbelastete Situation erschwert die Verständigung ebenso sehr wie die Verwendung von Fremdworten und Abkürzungen. Es braucht ein oder zwei Mal, bis man merkt, dass mit dem gerade modisch gewordenen Begriff »Template« nichts anderes gemeint ist als ein Formular oder Formularset. Aber »Strategie-Template« klingt allemal besser als »Formularsatz zur strategischen Planung«. Und dann gibt es auch noch den Jargon. Ist man seiner mächtig und versteht, was ein M&A-Consultant (!) meint, wenn er davon spricht, einen »Pitch« (!) gemacht zu haben, gehört man dazu. Der Jargon ist ein Mittel, Grenzen zu markieren. Die Grenzen zeigen, wer drinnen ist und wer draußen. Und die Sprache – verbal und gerade auch nonverbal – ist ein Mittel, solche Grenzen zu markieren, solche Unterschiede zu schaffen.
»Um Jack Welch zu paraphrasieren ...« Bei großen Bildungsunterschieden wirkt so ein Satzteil als Hochstatus-Intervention (technokritisch gesprochen) respektive als herablassend, arrogant, den weniger Gebildeten vorführend (emotional-wertend gesprochen).
Nur: Häufig erschwert sowohl dies als auch der Jargon die Kommunikation auf der sachlich-inhaltlichen Ebene, weil ihr Hauptanliegen ganz woanders zu lokalisieren ist – nämlich auf der Selbstdarstellungs- und Beziehungsebene.

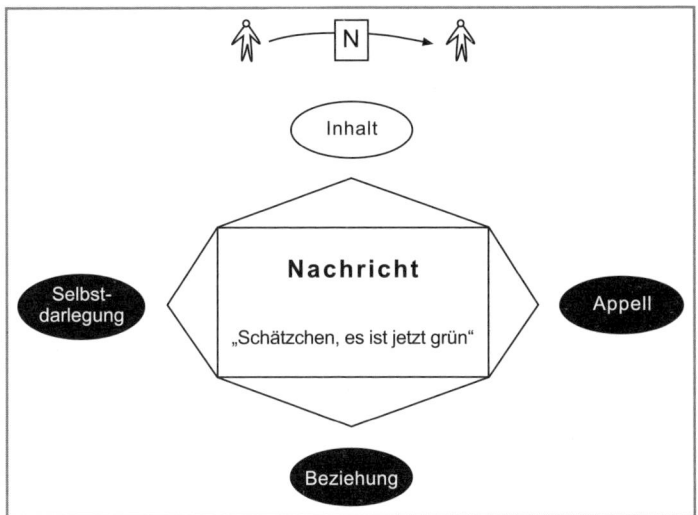

Abb. 25: Die vier Dimensionen einer Nachricht (Schulz von Thun 2008a: 30)

Berühmt dazu ist das Beispiel von Schulz von Thun geworden. Einprägsam lassen sich damit die **vier Dimensionen einer Nachricht** »durchdeklinieren«: Vor der Ampel stehend sagt der Mann vom Beifahrersitz aus zu seiner Frau: »Schätzchen, es ist jetzt grün«. Worauf sie antwortet: »Fahr' ich oder du?«

Die Inhalts-Facette transportiert »die reine« Sache und »nackte Wahrheit«: Die Ampel hat von rot auf grün geschaltet. Der Appell-Druck will veranlassend wirken – was jetzt zu tun, zu lassen, zu denken, zu fühlen ist. Die Beziehungs-Ebene strukturiert Kontakt, bezeichnet oben/unten und markiert Anschaffen/Wegschaffen, Freund/Feind. Ist die Beziehung partnerschaftlich-horizontal oder hierarchisch-vertikal? Die Selbstoffenbarung sagt aus, was mir wichtig/unwichtig ist, (nicht) wertvoll, wo das Selbstwertgefühl gestützt oder angegriffen ist.

Bedenken Sie in diesem Sinn und probehalber alle vier Ebenen der Kommunikation, wie sie sich aus dem folgenden Beispiel herausschälen lassen: Ein Kellner, der bei einem der besten, exklusivsten

Italiener in Wien arbeitet, antwortete einem Deutschen, der ohne in die Speisekarte zu schauen eine Pizza Hawaii bestellt: »Fruchtsalat gibt's bei uns erst zum Dessert!« Dazu der Kommentar von Watzlawick et. al. *(1996: 56)*: »Jede Kommunikation hat einen Inhalts- und einen Beziehungsaspekt, derart, dass Letzterer den Ersteren bestimmt und daher eine Metakommunikation ist.«

Der Systemtheoretiker und Kybernetiker Norbert Wiener verdeutlicht den kommunikativen **Regelkreis**, das aufeinander Angewiesensein, wenn er meint: «Ich kann erst wissen, was ich gesagt habe, wenn mir der andere geantwortet hat.« Ja, die Antwort des anderen zeigt mir auf, wie er mich verstanden, wie er mich dechiffriert hat! Und jetzt weiß ich, ob meine Intention »richtig« angekommen ist. Richtig in dem Sinn, wie ich »es« ursprünglich gemeint habe. Für viele von uns heißt in einer ähnlichen Logik der Gedanke davor: »Um sich selbst zu verstehen, muss man von einem anderen verstanden werden. Um vom anderen verstanden zu werden, muss man den anderen verstehen.« *(Hora, zitiert in Watzlawick 1996: 37)*

Gelungene Information und funktionierende Kommunikation werden immer wichtiger. Jeder, der in seiner Arbeit viel mit anderen Personen zu tun hat, weiß, dass gelungene Kommunikation ein Glücksfall ist und keine Selbstverständlichkeit. Schleyermacher sagt 1836 folgendes: »Nur die laxe Praxis geht davon aus, dass das Verstehen sich von selbst ereignet. Die strenge Praxis geht davon aus, dass das Missverstehen sich von selbst ereignet und das Verstehen auf jeden Punkt muss gesucht und gewollt werden.« *(Geißner 1991)*

Und jeder von uns trägt viel für dieses Verstehen bei, wenn er Platons drei berühmte **Regeln für das konstruktive Gespräch** beherzigt. *(Rupert Lay 1989: 25)*

   1. Verhalte Dich alterozentriert!

     I Spreche ich so, dass ich vom anderen wiederholt werden kann? Ist mein Sprechen lustvoller Selbstbezug und eitle Selbstdarstellung oder Hinwendung zum anderen?

❙ Höre ich wirklich hin oder hat mein Hinhören eher die Qualität, ein Vorspann zum eigenen Reden zu sein? Plane ich während des fremden Sprechens meinen Beitrag? Bin ich abgelenkt, gar ungeduldig?

2. Erreiche eigene und fremde Emotionalität!
   ❙ Reduziere Dich und den anderen nicht auf ein rationales Wesen, sondern berücksichtige die Emotionalität.
   ❙ »In dir muss brennen, was du in anderen entzünden willst.« (Augustinus)

3. Stelle Dich auf die kommunikativen Bedürfnisse Deines Partners ein!
   ❙ Informationsverarbeitung (Entgegennahme, Verarbeitung, Weitergabe)
   ❙ Kontaktvergewisserung (Wie stehen wir zueinander? Kann ich ihm in dieser Sache vertrauen? Nimmt mich der andere ernst?)
   ❙ Selbstdarstellung (Schaut, so macht man das! Hört, wen ich alles kenne! Mit diesem Problem bin ich noch nie fertig geworden!)
   ❙ Versteckte Appelle (Ich will, dass Du mir zuhörst! Nimm mich ernst! Glaube mir doch! Lass es mich tun!)

Vorschläge, wie das im konkreten Alltag umzusetzen ist, finden Sie im Stichwort ›Transfer.

Ein nächstes, ganz praktisches Element oder Tool zu Analyse, Reflexion und Gestaltung Ihrer Kommunikation ist das »**Wertequadrat**«. *(Im Folgenden Helwig (1967) zitiert in Schulz von Thun 2008b: 38ff)* Das Wertequadrat hilft Ihnen letzten Endes, destruktive Kommunikation und ins negative führende Verhaltensketten frühzeitig zu erkennen. Statt in einem Ping-Pong-Spiel zu landen, können Sie aufgrund des Verständnisses ein neues, konstruktives Spiel spielen. Aber jetzt zunächst die Grundlagen.

Das Wertequadrat besteht aus **vier Teilen**:
1. Der »Tugend« und
2. Der »Zwillingstugend«. (Wer hier andere Begriffe möchte,

denkt sich einfach: der eine Pool und der ihn ergänzende andere Pool; oder: Yin und Yang.)

3. Der »Entartungsform« der Tugend und

4. Der »Entartungsform« der Zwillingstugend.
   (Wer auch hier andere Begriffe einfügen will sagt sich: Die jeweilige Übertreibung, so dass das jeweils Positive ins Negative kippt und dysfunktional wird.)

Tugend	Zwillings-Tugend

Entartungsform	Entartungsform

Abb. 26: Das Wertequadrat

Beginnen wir mal ganz handwerklich mit einer konkreten Situation und arbeiten sie zunächst aus. Danach thematisieren wir die Verhaltensstrategien, die sich aufgrund der Analyse ableiten lassen.

In einem Vortrag, in dem ich mich für die Aufgaben und Nützlichkeit der Controller und ihrer Arbeit sehr engagierte, meinte später in der Diskussion ein hochrangiger Manager, Controller seien doch alles nur »Erbseninnenseiten-Polierer«. Uff! Das war ein Schuss unter die Gürtellinie! Die »Erbsenzähler« kannte ich ja – aber »Erbseninnenseiten-Polierer«?! (Erst viel später wurde mir die vielfache Abwertung ganz klar: Die Erbse ist ein Gemüse und kein ordentliches Stück Fleisch – erste Abwertung. Die Erbse ist unter allen Gemüsesorten wohl das Kleinste, Popligste – zweite Abwertung. Der Außenseite Glanz zu verleihen ist ja auch bei etwas Kleinem mindestens noch: ehrenwert. Aber die Innenseite zu polieren, da wo niemand etwas davon sieht und hat ist doch grenzenlos unnütz, ein grenzenloser Stuss – dritte Abwertung. Der »Erbseninnenseiten-Polierer« ist mithin voll von diabolischer Kreativität!)
Controller als »Erbseninnenseiten-Polierer« – eine Situation genau geeignet für das Wertequadrat. Man kann jetzt an jeder beliebigen Ecke mit dem Arbeiten anfangen. Ich schreibe also bei der Entartungsform der Tugend hin: »Erbseninnenseiten-Polierer«. Dann füge ich hinzu, was ihm weiter unterstellt wird – das wird ja dann häufig im weiteren Gesprächsverlauf klar. In diesem Fall sind das Dinge wie:

- Sinnlose Kleinkrämerei, Haarspalterei;
- Data-Mining, Data-Mining und nie mehr auftauchen;
- Eine Analyse, eine zweite Analyse und nie auf die Handlungsebene kommen;
- Ein erstes Chart dann noch ein Chart zu einem Detail und noch ein Chart zum Detail vom Detail;
- Sich abkapseln;
- Sich verlieren, viele Bäume sehen aber nicht den Wald.

Was aber ist die Tugend dieser Entartungsform – ihre Sonnenseite quasi? Da fallen Ihnen sofort Stichworte ein wie:

- Analyse mit Tiefgang;
- Sinn für's Detail;
- Ein Auge fürs Einzelne, für Zustände;
- Den Dingen auf den Grund gehen: gründlich;
- Ursachenforschung;
- Fundiert arbeiten.

Nennen wir diese Tugend einfach mal »Kompetenz zur Analyse«. Wird sie übertrieben oder dominant, wird daraus der »Erbsen-innenseiten-Polierer«.

Jetzt kommt die Frage nach der »Zwillingstugend«, nach dem andern Pol zur Analyse. In diesem Fall ist schnell klar: es ist die Synthese. Die können Sie etwa so umschreiben:

- Ein Auge haben fürs Ganze;
- Den Wald im Auge behalten;
- Das strategische Große und Ganze;
- Die Muster-Erkennung;
- Wahrnehmung von Abläufen und Ereignisfolgen: Prozesse.

Was aber ist ihre Übertreibung, ihre Entartungsform? Da kommen Sie auf Ideen wie:

- Völlig oberflächlich und generalisiert;
- Seicht und ohne Tiefgang;
- Schnell-schnell, drübergehuscht;
- So abstrakt, dass es völlig beliebig wird;
- Aufgeblasen.

Aus dem positiven Pol – einen Sinn haben für's Ganze – wird die dysfunktionale Übertreibung »seeehr holistisch – eigentlich an Oberflächlichkeit nicht mehr zu überbieten«.

Nach diesem ersten Analyseschritt liegen die Verhaltensstrategien auf der Hand und ein Muster destruktiver Kommunikation wird schnell klar: Man besetzt selbst einen positiven Pool, zum Beispiel den des »ganzheitlichen Blicks« und unterstellt dem Anderen die Übertreibung des anderen Pols, also seine »Entartungsform«. Das wird im Sinn eines schnellen Verhaltensreflexes dazu führen, dass das Gegenüber für sich die andere Tugend besetzt,

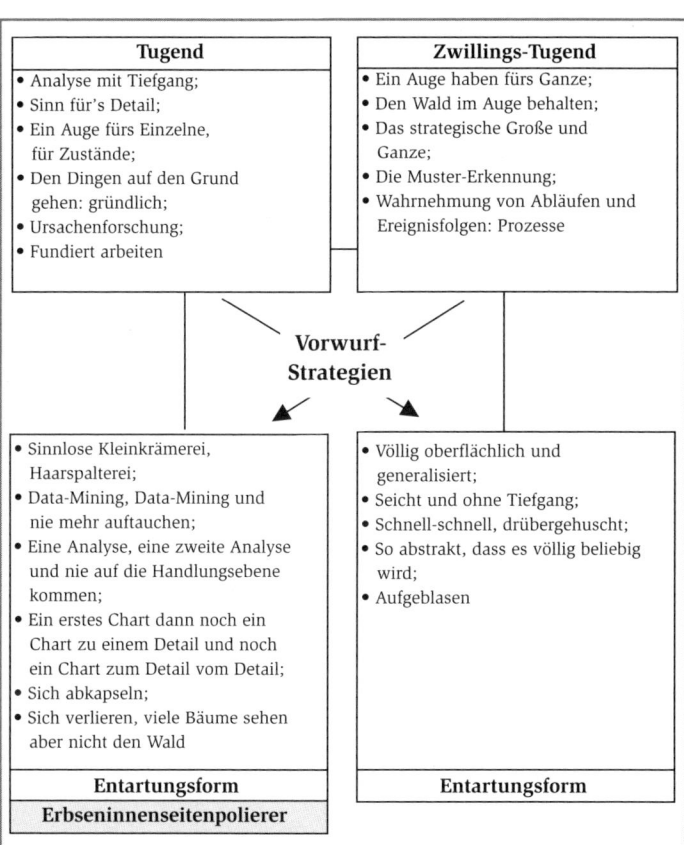

Tugend	Zwillings-Tugend
• Analyse mit Tiefgang; • Sinn für's Detail; • Ein Auge fürs Einzelne, für Zustände; • Den Dingen auf den Grund gehen: gründlich; • Ursachenforschung; • Fundiert arbeiten	• Ein Auge haben fürs Ganze; • Den Wald im Auge behalten; • Das strategische Große und Ganze; • Die Muster-Erkennung; • Wahrnehmung von Abläufen und Ereignisfolgen: Prozesse

Vorwurf-Strategien

• Sinnlose Kleinkrämerei, Haarspalterei; • Data-Mining, Data-Mining und nie mehr auftauchen; • Eine Analyse, eine zweite Analyse und nie auf die Handlungsebene kommen; • Ein erstes Chart dann noch ein Chart zu einem Detail und noch ein Chart zum Detail vom Detail; • Sich abkapseln; • Sich verlieren, viele Bäume sehen aber nicht den Wald	• Völlig oberflächlich und generalisiert; • Seicht und ohne Tiefgang; • Schnell-schnell, drübergehuscht; • So abstrakt, dass es völlig beliebig wird; • Aufgeblasen
Entartungsform **Erbseninnenseitenpolierer**	**Entartungsform**

Abb. 27: Das Wertequadrat mit Beispiel

ihnen nun aber seinerseits die Entartungsform vorhält. Die Vorwurf-Strategien zeichnen sich deutlich ab – es gibt eine symmetrische Eskalation. Jeder setzt noch eins drauf. (Das klappt durchgängig – Sie können das leicht mal in einem kontrollierten Feldexperiment austesten!)

Was aber ist beim Wertequadrat darüber hinaus wichtig? Einmal die Einsicht, dass auch in der Übertreibung ein Stück Anerkennung liegt. Also: der »Erbseninnenseiten-Polierer« kann analysieren. Aber diese Kompetenz wird zu einem Ärgernis, weil die Person den Gegenpol, die »Synthese« nicht beherrscht oder lebt. Könnte er das, wäre er ausbalanciert und fände sich nicht in der Entartungsform wieder. Hier könnte der Hinweis für eine persönliche Entwicklungsaufgabe liegen. Wer Analyse und Synthese verbinden und ausbalancieren kann, erscheint kaum je als »Erbseninnenseiten-Polierer«. Wer ein Auge für's Ganze hat und das fallweise mit analytischem Tiefgang untermauert, wird nie als »oberflächlich« beschimpft werden.

Achten Sie doch mal darauf, wie häufig Sie in den nächsten Tagen Situationen erleben, in denen das Wertequadrat von Helwig/ Schulz von Thun Ihnen Wegweiser sein kann für ein konkretes Tun oder Lassen!

Die Kommunikation im Team ist unser Thema, die Diskussion um eine Sache. Wer es schafft, vermehrt Fragen zu stellen, die Allkanal-Kommunikation als Gesprächsstruktur zu etablieren, den Verzerrungswinkel klein zu halten, in die vier verschiedenen Aspekte einer Nachricht hineinzuhören, Platons drei Regeln einigermaßen beherzigt, an's Wertequadrat denkt und sich an ABB erinnert, trägt viel für die gelungene Diskussion bei.

Sie kann aus gegebenem Anlass nochmals überdacht und verbessert werden durch das Reden über das Reden, durch die Meta-Kommunikation, durch >Feedback.

Bei der Beobachtung von Arbeitsteams ist mir immer wieder aufgefallen, wie wertvoll und funktional es ist, wenn der **Einzelne**

- Seine Beiträge kurz und bündig formuliert und dabei
- seine Aussagen begründet und eventuell durch ein Beispiel verdeutlicht.
- Gedanken der anderen aufnimmt und an/mit ihnen weiter arbeitet.
- Den Blickkontakt zu den Teammitgliedern sucht und nicht den Dokumenten zugewandt spricht.
- Andere Leute – auch Stille – aktiviert und im Boot hält.
- Den anderen nicht konfrontativ widerlegt, sondern nach den

Annahmen der Behauptung fragt und nach dem Umfang der Gültigkeit. Dadurch relativiert sich das Gesagte etwas und differenziert sich aus – ohne direkte Konfrontation.

- Faktenbasiert argumentiert, nötigenfalls sein ganzes Detailwissen in die Wagschale schmeißt und
- Sich nicht verbeißt und locker und entspannt bleibt. Wem es gegeben ist: Humor bewirkt immer wieder Wunder!

Die Art und Weise, wie in einer Taskforce miteinander verbal und nonverbal umgegangen wird, ist ein wesentlicher Treiber für die Leistung dieser Taskforce, für ihren Output.

Verbal vermittelte Angst reduziert – ebenso wie die Konkurrenz – die Offenheit untereinander. Ohne Offenheit aber gelingt kein angemessener Informationsaustausch. Verschwiegene und deswegen nicht bedachte, nicht besprochene Informationen machen einen Entscheid oder eine Empfehlung problematisch bis unbrauchbar oder gar gefährlich.

Die engagierte und reflektierte Kommunikation in einem Team scheint mir persönlich der beste Gradmesser dafür zu sein, ob die Prozessgewinne oder die Prozessverluste gerade überwiegen. Dafür sind die Beziehungen untereinander wiederum der Schlüssel, wie sie in jeder kommunikativen Sequenz aufleuchten und durch sie auch wieder geschaffen werden.

Konflikt

- Welche Formen es gibt
- Welche Funktion sie haben
- Welche Stadien sie durchlaufen
- Was die Strategien der Konfliktlösung sind
- Was beim Gespräch rund um Konflikte wichtig ist

In einem Konflikt gerät man aneinander, es findet eine Auseinandersetzung statt. Ein Konflikt ist ein Gegensatz, der thematisiert wird. Dieser Gegensatz betrifft bezogene Positionen, Interessen oder Bedürfnisse. Ist das zweite Element, das »thematisiert«, nicht vorhanden, handelt es sich streng genommen erst um einen potenziellen, einen schwelenden, einen latenten Konflikt. Konflikte sind somit thematisierte Widersprüche.

Welche Formen es gibt

Sie begegnen uns in drei **Formen**:

- **Intrapersonal:** Dieser Konflikt findet in uns drin statt und hat als Quelle beispielsweise unterschiedliche Interessen, Werte oder Notwendigkeiten, die aus unterschiedlichen Rollen rühren. Als Erziehender sollte ich dringend mit meinem Sohn heute Abend noch Mathe lernen. Da ist aber auch gleichzeitig das UEFA-Cup-Endspiel der Bayern gegen Madrid …
- **Interpersonal:** Zwei Menschen, zwei Meinungen, zwei Standpunkte, zwei Interessen, zwei Ideologien treffen aufeinander. Ich bin für die Planung, der andere findet das schon »Planwirtschaft«. Ich bin auf Management-Ebene seit Jahren absolut gegen Incentive-Systeme und kann empirisch belegen, dass sie insgesamt dysfunktionale Effekte nach sich ziehen. Der andere schwört darauf und meint, nur sie brächten maximale

Leistungen und seien, weil so üblich, gar nicht mehr zu diskutieren. (Anmerkung: Diese Passage habe ich im Sommer 2007
geschrieben.)

- **Institutionell:** Der Konflikt findet zwischen Organisationen
  oder ihren Teilen statt. Die Schweiz will Laster nur bis zu
  36 Tonnen auf den Straßen fahren lassen, die EU kämpft gegen
  diese nationale Obergrenze. Schließlich einigt man sich auf
  40 Tonnen. Bekannt sind auch all die strukturell angelegten
  Interessenkonflikte: Der Vertrieb will sofort liefern können. Die
  Produktion sagt, das bedinge ein Lager von soundso viel, was
  wiederum die Controller eine viel zu hohe Kapitalbindung
  finden, die in jedem Fall in der Kalkulation ihren Niederschlag
  haben müsste, was den Preis um soundso viel erhöhte und den
  Vertrieb zum Wahnsinn treibt.

Welche Funktion sie haben

Konflikte können die unterschiedlichsten **Funktionen** erfüllen,
immer aber schaffen und geben sie Orientierung:

- Konflikte sind und bearbeiten **Unterschiede** und sind in diesem Sinne auch Informationen: Wie sieht das der Vater in mir,
  wie der Bayern-Fan? Der Investor will Cash sehen, das Management in die langfristige Entwicklung investieren.
- Konflikte sind eine **Quelle** für Entscheidungen und diese
  wiederum für Prioritäten. Was ist heute Abend wichtiger:
  Nachhilfe oder Fußball? Investieren in die Zukunft klingt ja
  gut und ab 2012 muss der EBITDA >15 % sein.
- Konflikte sind die Ausgangsbasis für **Verbesserungen**. Gerade
  aus Teams ist bekannt, dass erst die Fähigkeit zur konstruk-
  tiven Auseinandersetzung die Basis dafür ist, dass inhaltlich
  tragfähige, sehr gute Lösungen herausgearbeitet werden
  können. Konfliktunfähige Teams dagegen neigen zum wohl-
  feilen Kompromiss – oder wie mein ehemaliger Mentor Erwin
  Küchle ihn schrieb: Kompromies – oder schaffen nicht einmal
  eine gemeinsame Lösung.
- Konflikte schaffen **Grenzen**: Was ist noch drin, was nicht mehr?

Werden Abweichungen akzeptiert und wie viel Abweichung wird gerade noch akzeptiert? Was ist hier üblich und normal? Erreicht die Firma die 15 % nicht, wird eine Verkaufsoption ernsthaft geprüft.

■ Die Folge dieser Grenzen ist dann auch, dass Konflikte Gemeinsamkeiten und Gemeinschaft, ja letztlich **Identität** produzieren: Wer oder was ist drinnen/draußen? Das gilt für soziale Einheiten wie ein Team ebenso wie für Benchmarkvergleiche.

■ Konflikte erhalten Bestehendes und bestätigen insofern eine einmal gefundene Identität. Sie können aber ebenso unaufgelöst bleiben, sich als Konfliktpotenzial verfestigen oder aber zu neuen Entwürfen, zu Veränderungen führen. Nicht umsonst wird dem Konflikt die Kraft zugeschrieben, **Antrieb für Veränderungen** zu sein, Veränderungen, die nur selten aus der Zufriedenheit heraus entstehen.

Welche Stadien sie durchlaufen

Es ist hilfreich, sich zu vergegenwärtigen, dass Konflikte immer zuerst Interessen- und dann Verhaltensprodukte sind und sich auf der Zeitachse entwickeln. Der Konflikt bildet sich im Normalfall über **vier mögliche Stadien** heraus: *(Doppler/Lauterburg 1994: 280ff)*

1. Eine **Sachfrage wird diskutiert**, dabei treten unterschiedliche Meinungen und Interessen zu Tage.

2. Im weiteren Gesprächsverlauf werden die Argumente des anderen nicht akzeptiert, oder relativiert, man unterstellt ihm ausgesprochen oder unausgesprochen Eigennutz, Taktik, Unaufrichtigkeit – und schon ist die **moralische Ebene** involviert, es findet die Überlagerung des Konfliktthemas durch Wertefragen statt.

3. Wer nicht ernst genommen wird respektive sich nicht ernst genommen fühlt, springt gleich in die 4. Phase oder er eskaliert. Aus verletzender Abwertung erwächst Ärger, Wut und Empörung mit der Folge von Angriff und Gegenangriff.

Es tritt eine **symmetrische Eskalation** ein, bei der jede Seite in jeder neuen Runde »eins drauf legt«. Im Vordergrund steht schon längst nicht mehr das Sachthema von Phase 1. Dominant sind die emotionale Ebene mit all ihren Konsequenzen sowie die rein taktische Frage, wie man aus dem allem ohne Gesichtsverlust wieder herauskommen könnte.

4. Entweder der **Konflikt wird gelöst oder er verhärtet**, wird chronisch, es herrscht ein »kalter Krieg«, der bei jedem noch so kleinen Anlass wieder aufflammen kann.

Bei einem Konflikt ist mit eine entscheidende Frage, wie viel Energie die beiden Kontrahenten selber oder als Repräsentanten einer Organisation aufs Spielfeld bringen. Energie, die aus den unterschiedlichsten Quellen gespeist wird wie z. B.:

- Jemand hat in ein Vorhaben schon sehr viel investiert (Energie, Emotion, Geld, Public Relations) und ist davon »voll, aber wirklich voll überzeugt«.
- Durch ein Vorhaben werden Lieblingsideen oder zentrale Werte eines Chefs verwirklicht – es entsteht leicht eine »escalation of commitment« – eine Verbundenheit, die nicht mehr nur mit rationalen Überlegungen zu bereifen ist und per se schon viel Energie und Durchsetzungswillen in sich trägt.
- Eine Sache oder der Ausgang einer Sache ist für jemanden persönlich sehr wichtig und bedeutend, sei es wegen seiner Karriere oder Lebensplanung, seines Einkommens oder Status oder weil sie sich eines der berühmten Denkmäler setzen will – es geht um die persönliche Hinterlassenschaft.
- Sehr viel Engagement entsteht auch, wenn jemand ein loyaler Fahnenträger ist und für diejenigen, für die er die Fahne trägt, die Sache oder ihr Ausgang bedeutungsvoll ist.

Das Ausmaß von beidseitigem Engagement zu kennen oder abschätzen zu können ist deswegen wichtig, weil es die Art und Weise mitbestimmt, wie der Konflikt bearbeitet werden wird.

Was die Strategien der Konfliktlösung sind

Man kann prinzipiell vier Felder bedenken, die wiederum das Grundmuster abgeben für die differenzierteren **Strategien der Konfliktlösung**. Sie sind:

- **Vermeidung:** Im engeren Wortsinn handelt es sich erst um einen potenziellen Konflikt. Der Konflikt wird verdrängt, übergangen, seine Existenz geleugnet, vielleicht sogar tabuisiert. Die Interaktion zwischen den Beteiligten ist tastend, von Vorsicht geprägt und wenig direkt und spontan. Insgesamt ist es mehr ein koexistenzielles Nebeneinander als ein kooperatives Miteinander.
- **Flucht:** Der Widerspruch wird thematisiert aber nicht ausgetragen, eine der Konfliktparteien entzieht sich, der Kontakt bricht ab. Relativ nah bei der Flucht ist auch die
- **Akzeptanz:** Ja, es gibt einen Widerspruch, der aber zu keinen Reibereien führt, weil eine Seite wenig Energie reinhängt – es ist ihr nicht wichtig genug.
- **Vernichtung:** Die jeweils andere Konfliktpartei wird in irgendeiner Art und Weise klein gemacht. Viele Wege führen auch da nach Rom und es wird jemand im Gespräch ignoriert oder absichtlich übersehen und nicht eingeladen oder argumentativ zerstört – dann idealerweise gleich vor anderen – so dass er das Gesicht verliert. Er wird herumkommandiert oder aufs Abstellgleis gestellt, mit minderen Aufgaben betraut. Das dauert so lange bis er klein beigibt oder das (Sub-)System verlässt.
- **Nachgeben,** sich unterordnen ist eine abgemilderte Form der Vernichtung. Dank Unterwerfungsgesten kommt es nicht zum letzten Schlag. Dann und wann erscheint diese Form der Konfliktbearbeitung auch als Unterdrückung, bei der eine Mehrheit eine Minderheit dominiert und die Spannungen eine Zeit lang unter dem sprichwörtlichen Teppich gehalten werden. Das gelingt so lange, bis die Spannungen und Reibungen zu groß werden und es zu einer Eskalation kommt.
- **Delegation:** Es wird ein Dritter eingeschaltet, der von den Konfliktparteien als Neutraler betrachtet wird und schlichtet.

- Bei der **Allianz** geben beide Konfliktparteien ihren Standpunkt oder Ihre Haltung nicht auf. Sie schließen sich aber aus Zweckmäßigkeit zusammen, um etwas zu erreichen, was beiden wichtig und nur gemeinsam zu erreichen ist. Die Allianz ist eine Kooperation auf Zeit – eben bis ein bestimmtes Ziel erreicht ist.

- Beim **Kompromiss** ist jede Partei bereit, etwas vom eigenen Vorteil aufzugeben, etwas von der eigenen Ideallinie abzuweichen, um zu einer – erst dadurch möglichen – Lösung beizutragen. Diese Art der Konfliktbearbeitung befriedigt niemanden hundertprozentig, weil alle Zugeständnisse machen müssen. Es ist ein win-win mit angezogener Handbremse.

- Beim **Konsens** werden die widersprüchlichen Meinungen diskutiert und gegeneinander abgewogen. Die Vor- und Nachteile jeder Option werden herausgearbeitet und häufig erscheint daraus eine Synthese, die als Lösung befriedigender ist als jeder der ursprünglichen Vorschläge. Neue Elemente sind im Gespräch geschaffen worden. Diese Form der Konfliktbearbeitung ist die Reifste, Anspruchsvollste, Zeitraubendste und Ergiebigste und leider auch: die Seltenste.

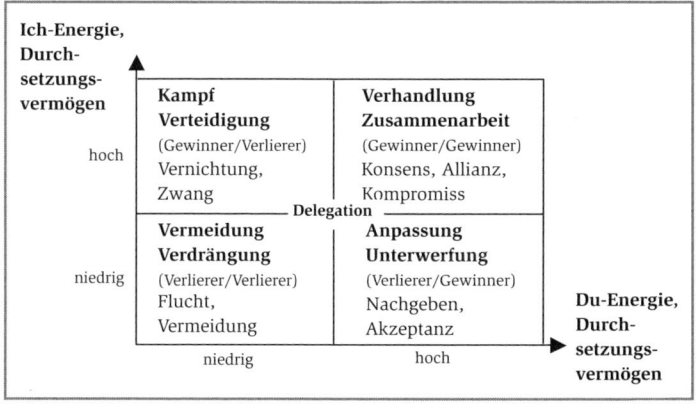

Abb. 28: Konfliktlösungen (Lewicki et al. 1998: 64, bearbeitet)

Eine solche Typologie ist aber nicht nur interessant, um das mögliche Spektrum an Optionen für die Konfliktbearbeitung aufzuzeigen, sondern auch um sich selber/in einem Team zu fragen, wozu man neigt, was die eigenen Standardroutinen im Umgang mit Konflikten sind.

Klar ist dann aber auch, dass der Kontakt die wichtigste Voraussetzung ist für die konstruktive Konfliktlösung.

Was beim Gespräch rund um Konflikte wichtig ist

Als hilfreich für das **Konfliktgespräch** hat sich immer wieder Folgendes erwiesen:

- Warten Sie nicht zu lange, da kognitive Differenzen eher früher als später auf die emotionale Ebene überspringen.
- Räumen Sie allfällige Missverständnisse aus und klären Sie den eigentlichen Konfliktkern.
- Verlangsamen Sie dabei alle Prozesse – sich ins Wort fallen und den andern nicht ausreden lassen sind diesbezüglich problematische Verhaltensweisen.
- Sorgen Sie dafür, dass alle Kontrahenten ihren jeweiligen Standpunkt entwickeln und darstellen können – ohne dabei unterbrochen zu werden.
- Machen Sie den Konfliktgegenstand so realistisch wie möglich – Aussage und Begründung und Beispiel ist in diesem Zusammenhang eine hilfreiche Kommunikationsregel!
- Entemotionalisieren Sie durch Distanz. Sie kann zeitlicher, sozialer oder sachlicher Natur sein. Zeitlicher Natur wäre etwa, eine Nacht drüber zu schlafen, sozialer Natur den Streitpunkt dem Lenkungsausschuss vorzutragen und ihn entscheiden zu lassen und sachlicher Natur wäre, wenn man sich die strittige Sache in der Relation zum Großenganzen anschaut und sich hier fragt, wie wichtig der Teil in der Relation ist, respektive ob sich der Streit lohnt.

Seit meinem Studium schon ist eine Serie von Versuchen zum Thema Kooperation, Konflikt und Nähe, Sympathie in mein Gedächtnis eingebrannt. *(Sherif et. al 1961)* Der wichtigste – und einzige – Punkt, um untereinander zerstrittene Teams dazu zu bringen, gemeinsam an einem Strick in die gleiche Richtung zu ziehen, war, ein Ziel zu schaffen, das sie nur erreichen konnten, wenn sie ihre Anstrengungen bündelten. Hinterher profitierten alle von der Zusammenarbeit. Zudem entstand Kontakt und Nähe, was wiederum half, Vorurteile abzubauen. Gemeinsame Ziele bündeln die Energie. Ein Faktor, der für Teams ebenso gilt wie für den Einzelnen: »Es gibt nichts, was den Menschen so sehr in den Stand setzt, Schwierigkeiten zu Überwinden, als das Bewusstsein, einer Aufgabe zu dienen.« *(Victor Frankl)*

L ▬▬▬▬▬▬▬▬▬▬▬▬▬▬▬▬▬▬▬

Logikbäume

▬▬▬▬▬▬▬▬▬▬▬▬▬▬▬▬▬▬▬

Sie sind ein Mittel, um Ordnung und Überblick zu schaffen und befriedigen ein Bedürfnis vieler Manager und Controller.

- Wozu taugen Logikbäume?
- Optionen, um das Denken und die Arbeit zu ordnen
- Logikbäume begegnen uns in vielen Lebensbereichen und bei vielen Themen
- Auch die 2×2-Matrix ist ein Logikbaum

Am Ende dieser vier Teilthemen werden Sie sehen: Den Logikbäumen wohnt eine eigene Ästhetik inne!

Wozu taugen Logikbäume?

Sie sind eine Arbeitsmethode und Arbeitstechnik und als solche für Teams ein wichtiger Erfolgsfaktor:

- Auf der **sachlich-inhaltlichen** Ebene helfen sie, das Thema zu definieren, die Arbeit am Thema zu planen, es dann zu bearbeiten und die Resultate in einer strukturierten Weise darzustellen, sie zu »verkaufen«.
- Auf einer **individuellen Ebene** gelingt es, die Ressourcen jedes Einzelnen besser zu nützen, Aufgaben zu delegieren ohne dabei das Gesamte aus dem Auge zu verlieren. Lernprozesse finden bei den »Tools« besonders augenfällig statt und der persönliche Nutzen ist leichter greifbar. Oft sind es gerade die Arbeitstechniken, die man für die eigene Arbeit aus der Teamarbeit mitnimmt.
- **Innerhalb des Teams** ermöglichen Werkzeuge die systematische Arbeit und Transparenz – sie versachlichen Gespräche und visualisieren deren Ergebnisse.
- **Nach außen hin,** zum Auftraggeber oder Lenkungsausschuss, lässt sich der Output leichter darstellen, er wirkt nachvollziehbar. Dadurch entsteht Vertrauen, eine gute Diskussions- und

Entscheidungsbasis. Wer methodengestützt arbeitet und die Dinge auf den Punkt bringt, schafft die Basis für eine positive Rückmeldung. Je methodengestützter die Resultate aus dem Team sind, umso leichter fällt später in der Organisation die Argumentation rund um das Für und Wieder zu einer gefundenen Lösung.

Logikbäume zerlegen ein definiertes Thema systematisch. Einerseits erscheint das Ganze, andererseits erleichtern sie den Zugang zu einem abgegrenzten Detail – ohne das Ganze aus dem Auge zu verlieren.

Logikbäume gruppieren Gedanken und schaffen so – gerade für Zuhörer oder Leser – einen leichteren Zugang zu einer bestimmten Materie und eine leichtere Erinnerungshilfe. (>Visualisierung; Berichte)

Logikbäume strukturieren aber auch Arbeitsprozesse und verhindern, dass man etwas Wichtiges übersieht oder es zu spät anstößt. (>Projekt)

Logikbäume sind ein Mittel, grundsätzlich zwei Prozesse anzuleiten: Ausgehend von einem wilden Puzzle wird Struktur in ein Thema hineingebracht oder ausgehend von einer Struktur Suchprozesse in den einzelnen Puzzlesteinen angestoßen.

Der erste Fall tritt häufig dann ein, wenn man nach einer Such- und Sammelphase versucht, die **Vielfalt zu ordnen**. Nach vielen Klagen rund um das Thema »Sitzungen« machen Sie z. B. Interviews zur Frage, was genau das Problem rund um das Thema sei. Nach fünf Gesprächen haben Sie sehr viel Material beieinander. Aber eben: chaotisch, wie Gespräche nun mal laufen. Da stehen Problemursachen und Problemlösungen eben so wild durcheinander wie sich Abstraktionsebenen durchmischen – mal wird es gaaaanz konkret und detailliert, mal gaaanz fundamental und prinzipiell. Auch haben Sie Spreu und Weizen gesammelt. Mithin eine Situation, die geradezu nach einer Struktur schreit. Hier helfen Logikbäume erst Ordnung ins Thema hineinzubringen, um später fokussierte Gespräche zu möglichen Lösungen führen zu

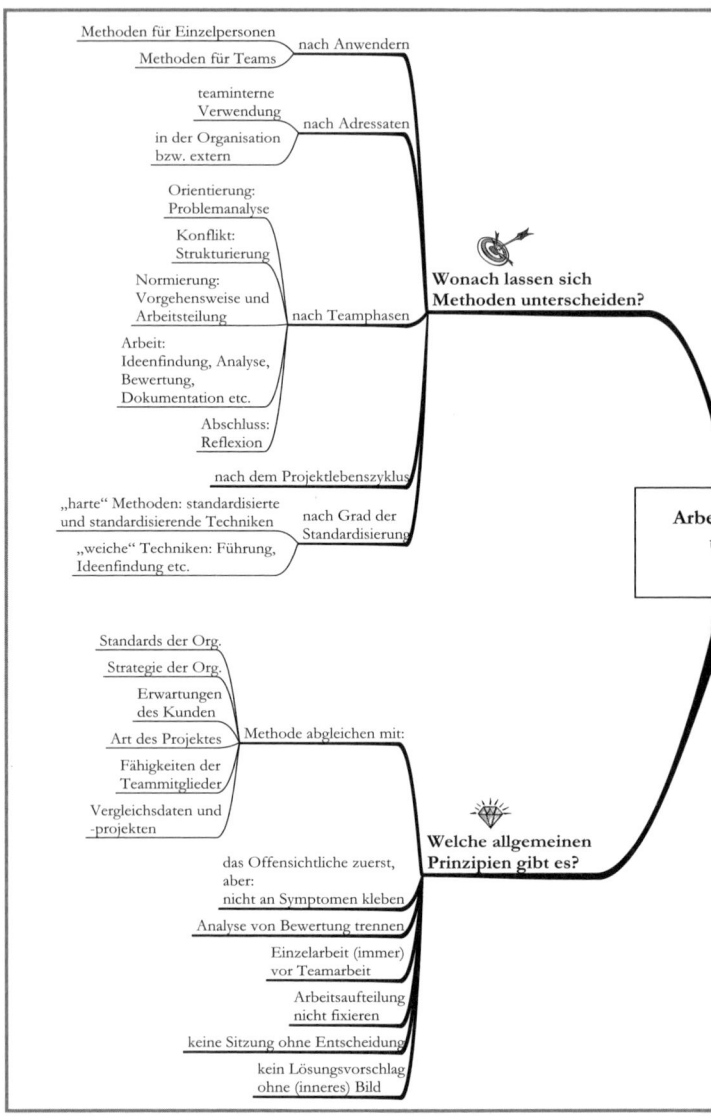

Methoden für Einzelpersonen
Methoden für Teams } nach Anwendern

teaminterne
Verwendung } nach Adressaten
in der Organisation
bzw. extern

Orientierung:
Problemanalyse
Konflikt:
Strukturierung
Normierung:
Vorgehensweise und
Arbeitsteilung } nach Teamphasen
Arbeit:
Ideenfindung, Analyse,
Bewertung,
Dokumentation etc.
Abschluss:
Reflexion

nach dem Projektlebenszyklus

„harte" Methoden: standardisierte
und standardisierende Techniken } nach Grad der
Standardisierung
„weiche" Techniken: Führung,
Ideenfindung etc.

**Wonach lassen sich
Methoden unterscheiden?**

Arbe

Standards der Org.
Strategie der Org.
Erwartungen
des Kunden
Art des Projektes } Methode abgleichen mit:
Fähigkeiten der
Teammitglieder
Vergleichsdaten und
-projekten

das Offensichtliche zuerst,
aber:
nicht an Symptomen kleben
Analyse von Bewertung trennen
Einzelarbeit (immer)
vor Teamarbeit
Arbeitsaufteilung
nicht fixieren
keine Sitzung ohne Entscheidung
kein Lösungsvorschlag
ohne (inneres) Bild

**Welche allgemeinen
Prinzipien gibt es?**

Abb. 29: Mindmap zu Arbeitsmethoden und -techniken (Titscher/Stamm 2006: 160)

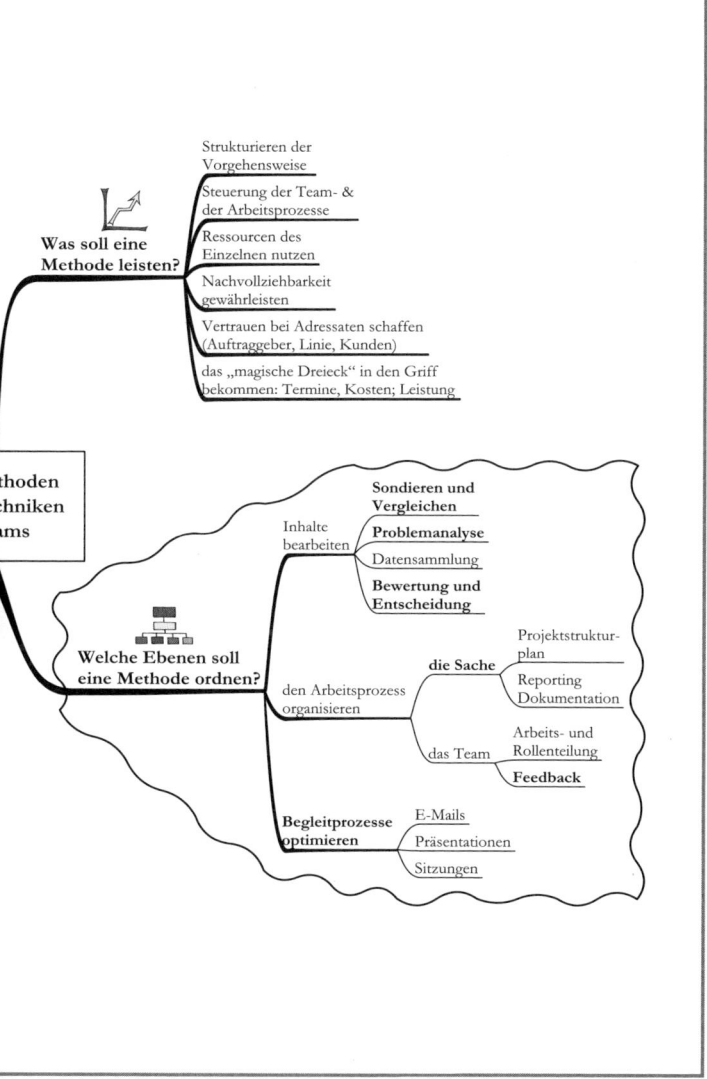

Was soll eine Methode leisten?
- Strukturieren der Vorgehensweise
- Steuerung der Team- & der Arbeitsprozesse
- Ressourcen des Einzelnen nutzen
- Nachvollziehbarkeit gewährleisten
- Vertrauen bei Adressaten schaffen (Auftraggeber, Linie, Kunden)
- das „magische Dreieck" in den Griff bekommen: Termine, Kosten; Leistung

…thoden
…chniken
…ams

Welche Ebenen soll eine Methode ordnen?
- Inhalte bearbeiten
  - Sondieren und Vergleichen
  - Problemanalyse
  - Datensammlung
  - Bewertung und Entscheidung
- den Arbeitsprozess organisieren
  - die Sache
    - Projektstruktur-plan
    - Reporting Dokumentation
  - das Team
    - Arbeits- und Rollenteilung
    - Feedback
- Begleitprozesse optimieren
  - E-Mails
  - Präsentationen
  - Sitzungen

können. Sie unterstützen es, wichtige Stellhebel zu identifizieren, Kosten-Nutzen Erwägungen durchzudenken, Prioritäten zu bilden und das Detail in Anbetracht des Ganzen zu entscheiden und auf's Gleis zu setzen.

Im zweiten Fall ist es so, dass ein Logikbaum nicht das Ende Ihrer Arbeit, sondern der Ausgangspunkt für Ihre Arbeit ist. Aus einem interessanten Artikel oder einer Sie anregenden Präsentation sind Sie mit einer prinzipiellen Idee heraus gekommen und grasen nun Ihr Arbeitsumfeld gemäß dieser Struktur ab. Der Logikbaum lenkt in diesem Fall Ihr **Suchverhalten**.

Zum Thema »Kosteneinsparungen« wissen Sie beispielsweise, dass diese aus einer Studie für Ihre Branche »Logistik« im Bereich der Strukturkosten im Durchschnitt 20 % betragen und typischerweise aus fünf Bereichen kommen (Anteil an der Kosteneinsparung):

1. Veränderung der Organisationsstruktur (30 – 40 %)
   a. Anpassung der Leistungsspanne für Management-positionen
   b. Reduktion der Managementstufen innerhalb der Bereiche und Abteilungen
2. Veränderung der Abläufe (20 – 25 %)
   a. Verkürzung der Entscheidungswege
   b. Nutzen der Erkenntnisse aus Best Practices anderer Industrien
   c. Minimierung des gebundenen Kapitals
3. Nachfragesteuerung (20 – 25 %)
   a. Anpassung der Erwartungen von Lieferzeiten/Häufigkeiten
   b. Eliminieren von Redundanzen (Aktivitäten, Produkte)
4. Ressourcenanpassung (10 – 15 %)
   a. Angleichung des »Skill Levels« an künftige Herausforderungen
   b. Outsourcen von »Non-Core« Aktivitäten
5. Einsatz bewährter Technologie (5 – 10 %)
   a. Eliminieren von repetitiven Aufgaben durch Systeme
   b. Einführung von Standards

Nun fragen Sie sich – respektive es diskutiert ein Management-Team darüber – wo man in den nächsten zwei Jahren besondere Akzente legen soll. Der Logikbaum ist hier gleich für mehrere Zwecke hilfreich. Erstens lenkt er das Gespräch, zweitens gibt er einen Hinweis, welche Themen ergiebig sein könnten und drittens erlaubt er, die Weiterarbeit zu organisieren. Im obigen Beispiel einigt man sich vielleicht darauf, das Thema 2. und 3. in einem weiteren Schritt die nächsten Wochen vertieft unter die Lupe zu nehmen und hier weiterführende Vorabklärungen zu machen. Die Punkte 1., 4. und 5. bleiben außen vor – das Ausschlussverfahren als Entscheidungsstrategie wird gerade auch durch einen Logikbaum erleichtert.

Optionen, um das Denken und die Arbeit zu ordnen

Der **deduktive Baum** beginnt mit dem definierten Problem. *(Im Folgenden Minto 2005)* Formulieren Sie es möglichst als Frage (»Wie den Ergebnisbeitrag aus dem Anzeigengeschäft steigern?«), da reine Schlagwörter (»Anzeigengeschäft«) zu wenig Richtung geben. Es gilt also den Begriff »Anzeigengeschäft« inhaltlich auszurichten. Danach wird das Problem systematisch in seine Bestandteile zerlegt und zwar entweder in Aktionen (Wie?) oder in Merkmale (Was?). Dabei sollte jeder Kasten entweder »Wie« oder »Was« beantworten. Der deduktive Baum ist nichts anderes als ein Probleminventurschema und macht noch keine Annahme über das Ergebnis oder Prioritäten, die sich erst später aus der Analyse ergeben.

Uns allen bekannt ist der ROI-Baum – ein typischer deduktiver Logikbaum. Hier könnte die Leitfrage lauten: »Wie den ROI verbessern?« Jetzt geht's weiter zu »Umsatzrendite« und »Kapitalumschlag«. Das wären unterhalb des »ROI« die beiden Kategorien, an die zu denken wäre, wollte man den ROI verbessern. Ganz am unteren Ende des ROI-Baums stünden dann konkrete Aktionen, zum Beispiel bei den Materialeinstandspreisen oder der Lagerbewirtschaftung durch ein Konsignationslager.

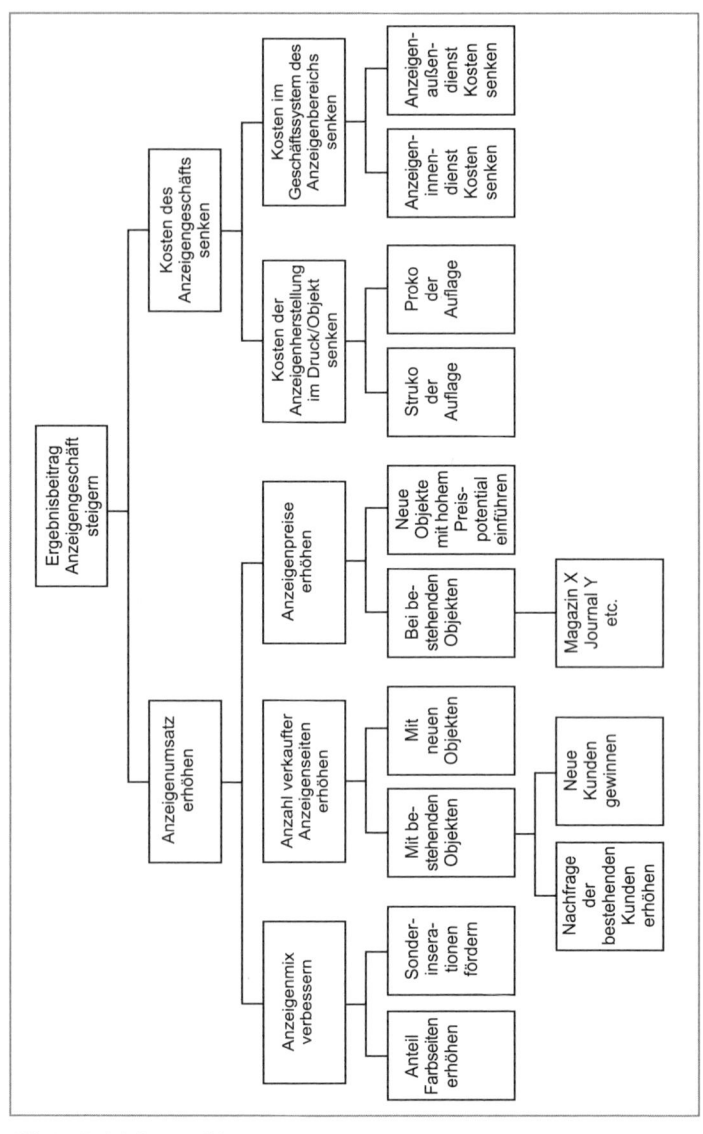

Abb. 30: Deduktiver Logikbaum

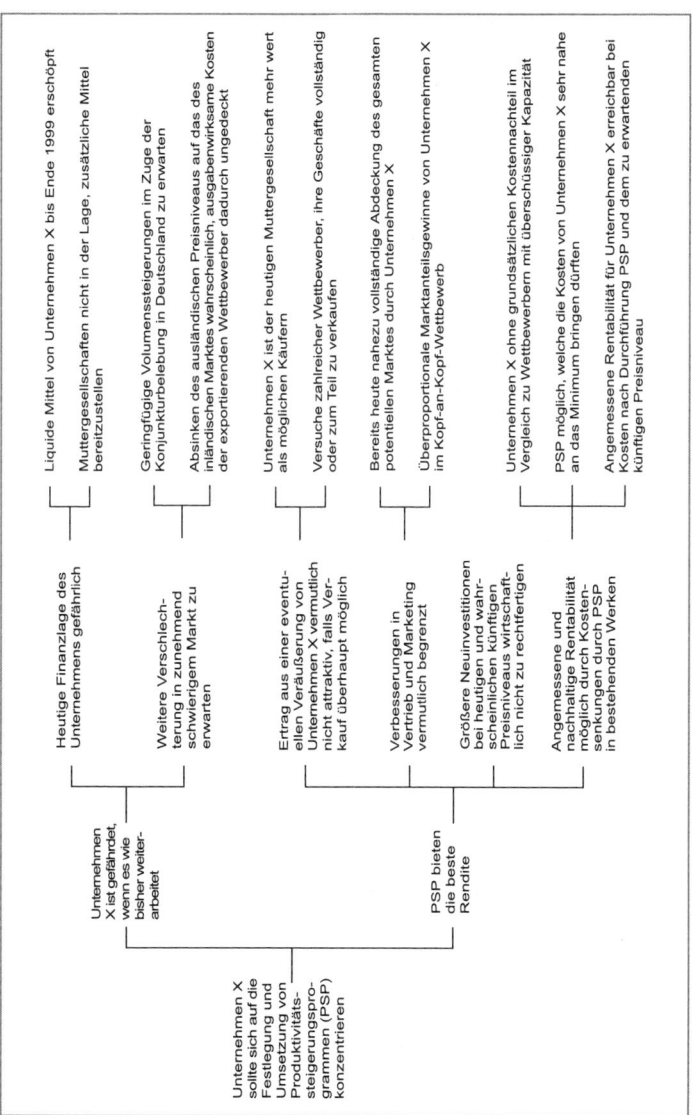

Abb. 31: Hypothesenbaum

Der **Hypothesenbaum** geht von der hypothetischen Lösung des definierten Problems aus und baut dafür eine zwingend logische Struktur auf, die diese Hypothese beweist oder widerlegt. Die Elemente dieses Baumes sind immer Gründe. Von Ebene zu Ebene wird die Frage »Warum?« beantwortet.

Wie geht man konkret vor? Bei der Formulierung der Eingangshypothese ist die Aussage »X sollte …« am trächtigsten. Sie erzeugt zwingend die Frage »warum«.
Bei der ersten Teilung helfen Schwarz/Weiß-Fragen wie: Was müsste gegeben sein, damit der Adressat diese Lösung als die Möglichkeit für sich sieht? Und: Was wäre, wenn man dieser Lösung nicht folgen würde?

Der **Ja-/Nein-Baum** nimmt die Kernfragen und bringt diese in die Reihenfolge, in der sie abgehandelt werden sollen. Das Ende von jedem Ast bilden die jeweiligen Handlungsoptionen. Jeder einzelne Gabelungspunkt wird so formuliert, dass er mit »Ja« oder »Nein« beantwortet werden kann. Zu den Kernfragen kommt man zum Beispiel, indem man den Endpunkt des deduktiven oder Hypothesen-Baumes als Ja/Nein-Frage formuliert.

Logikbäume haben also eine doppelte Funktion: bei der Erarbeitung des Themas zu helfen und die Kommunikation zu Dritten über das Thema zu erleichtern. Logikbäume können aber nicht Nachdenken, Kreativität und Detailanalysen ersetzen – ebenso wie Logikbäume zwar Ausgangspunkt für Veränderungen sein können aber sie sind noch nicht die Veränderung selbst.

Bei allen drei Baummustern gilt es im nächsten Schritt, die weitere Analysearbeit zu planen respektive – nochmals später – die Umsetzung aus der Analyse.

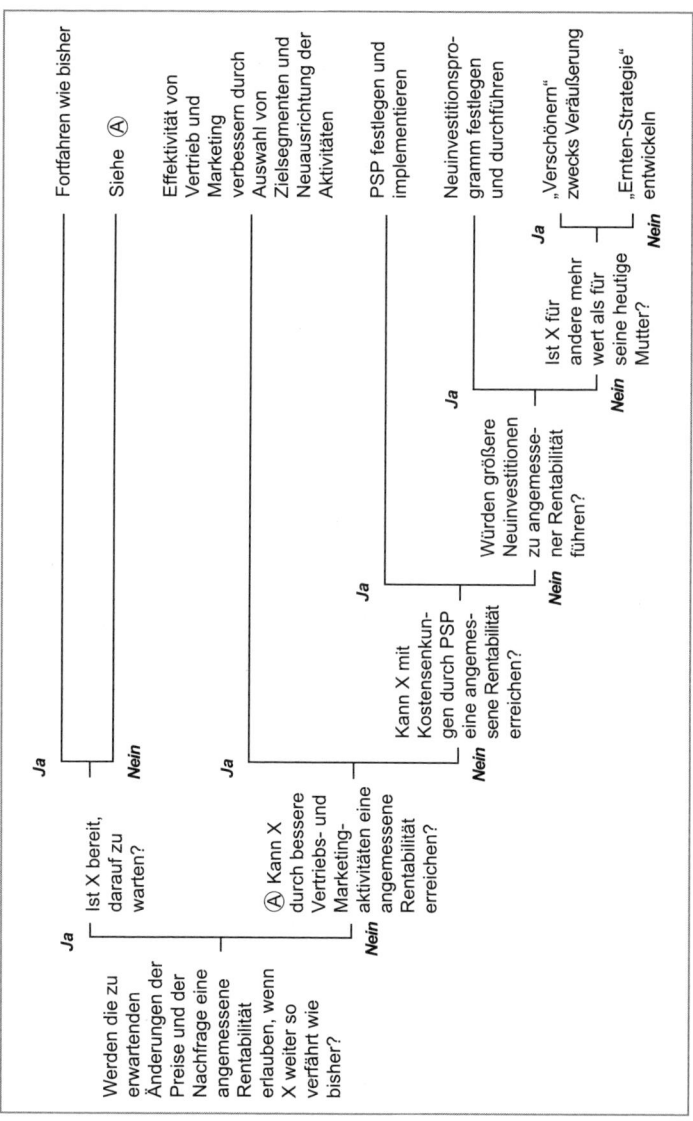

Abb. 32: Ja-/Nein-Baum

153

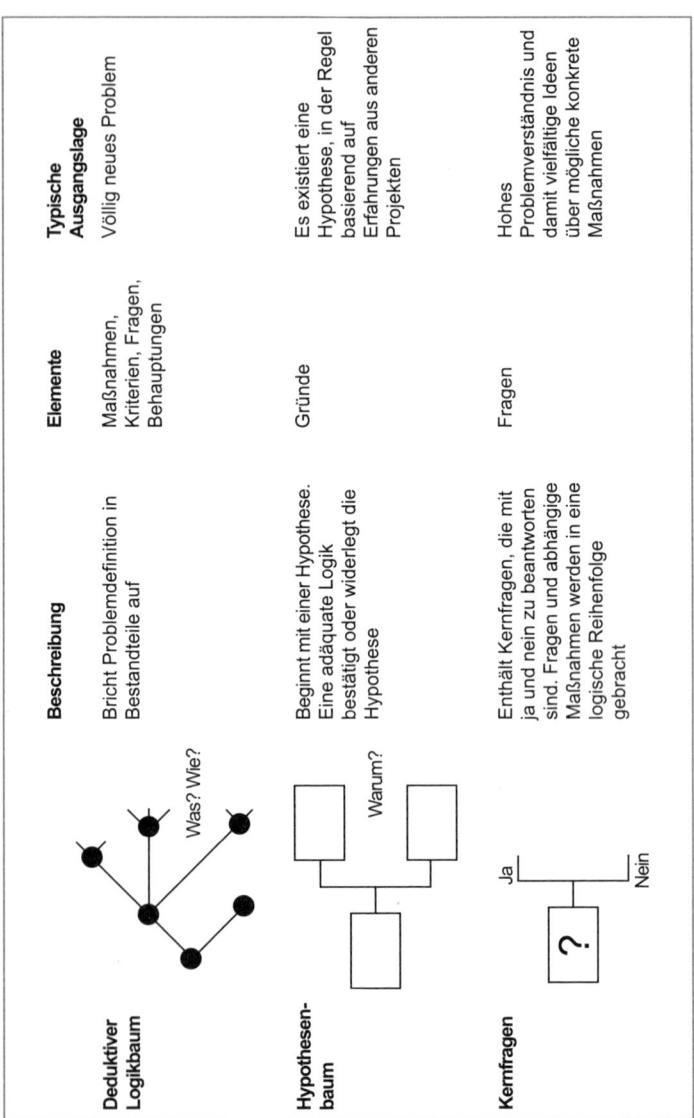

	Beschreibung	Elemente	Typische Ausgangslage
Deduktiver Logikbaum	Bricht Problemdefinition in Bestandteile auf	Maßnahmen, Kriterien, Fragen, Behauptungen	Völlig neues Problem
Hypothesenbaum	Beginnt mit einer Hypothese. Eine adäquate Logik bestätigt oder widerlegt die Hypothese	Gründe	Es existiert eine Hypothese, in der Regel basierend auf Erfahrungen aus anderen Projekten
Kernfragen	Enthält Kernfragen, die mit ja und nein zu beantworten sind. Fragen und abhängige Maßnahmen werden in eine logische Reihenfolge gebracht	Fragen	Hohes Problemverständnis und damit vielfältige Ideen über mögliche konkrete Maßnahmen

Abb. 33: Drei Arten von Logikbäumen

Logikbäume begegnen uns in vielen Lebensbereichen und bei vielen Themen

Jeder Stamm-Baum ist ein Logikbaum. Als ich meinen Obstgarten teilweise neu angelegt habe, half mir: ein Logikbaum. Angenommen Sie wollen einen Obstgarten anlegen (auf derselben Abstraktionsebene wie der Obstgarten läge übrigens auch der Gemüse- oder Kräutergarten), fällt Ihnen beim Kernobst (es gibt u. a. auch noch Steinobst!) ein, dass es frühe und späte Sorten von Äpfeln gibt. Auf sie konzentrieren sich die nachfolgenden Überlegungen.

Zu den frühen Sorten gehören Clara, Gravensteiner und Jakob Fischer, zu den Späten Golden Delicious, Jonagold, Jonathan und auch Ontario. Vielleicht interessiert Sie aber die Zeitachse als Ordnungskriterium nicht und viel wichtiger ist statt dessen, dass Sie sich eine gute Mischung schaffen zwischen Äpfeln, die Sie gleich essen und solchen, die Sie lagern können. Bis jetzt sind die Kategorien überschneidungsfrei geblieben. Sollten Ihnen aber beide Gesichtspunkte für die Auswahl Ihrer Apfelbäume wichtig sein, landen Sie automatisch bei der **Matrix**:

Äpfel	frühe Sorten	späte Sorten
lagerungsfähig	•	• Golden Delicious
nicht lagerungsfähig	• Klara	•

Abb. 34: Logikbaum als Matrix

Und während Sie noch überlegen, analysieren und Gespräche mit Fachleuten führen, werden Ihnen zwei Dinge klar: Erstens ist der Unterschied süß/sauer ein wesentliches Ordnungskriterium, weil es tatsächlich auch Geschmacksvorlieben unterscheidet. Zweitens gibt es kaum Frühsorten, die auch lagerfähig sind, wohingegen alle späten Sorten in diese Kategorie fallen. Ihr Ordnungsgerüst muss deswegen an Ihren neuen Kenntnisstand angepasst werden und sieht neu so aus:

Äpfel	frühe und gleich zu verzehrende Sorten	späte und lagerungsfähige Sorten
süß	• Jakob Fischer • James Grieve • Piros • Gravensteiner	• Golden Delicious • Pinova • Revena • Jonagold • Jonathan
sauer	• Klara • Remo • Alkmene	• Boskop • Pilot • Kaiser Wilhelm • Ontario • Rote Sternrenette

Abb. 35: Überarbeiteter Logikbaum

Der deduktive Logikbaum ist dafür geeignet, eine, wie man häufig in der Schweiz sagt, »Auslegeordnung« zu erstellen. Von der Idee kommt man durch systematisches Nachdenken zu einer Struktur. Ein Ordnungsgerüst erleichtert die Meinungsbildung und letztlich die sinnvolle, nachvollziehbare Entscheidung für und gegen etwas.

Dass Unternehmen »sozio-technische Systeme« sind ist – als Ablösung des Taylorismus – in den sechziger Jahren an bestimmten Universitäten wie z. B. St. Gallen eine wichtige und für die Theoriebildung weitreichende Setzung gewesen. Sind bei einer Problemlösung sowohl sachlich-technische als auch soziale Aspekte zu berücksichtigen, eignet sich als Strukturierungshilfe folgendes Schema.

Im linken Teil sind die technischen Stellgrößen, im rechten das Humankapital. Durch gestaltende Interventionen auf beiden Seiten zusammen entsteht die Organisationsentwicklung.

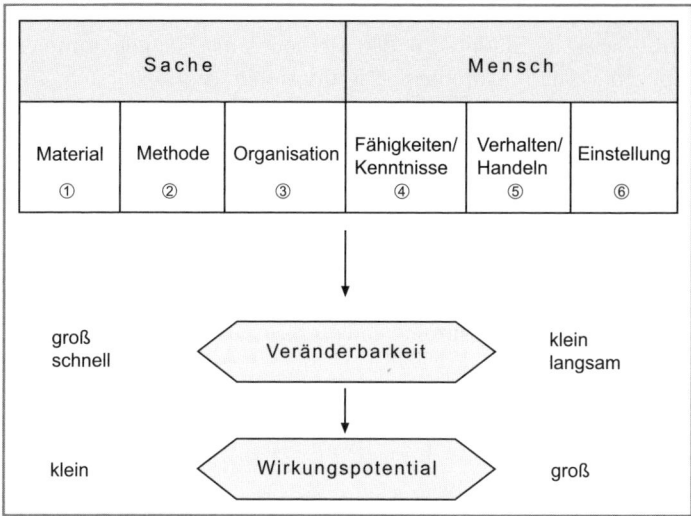

Abb. 36: Aspekte eines Problems (Küchle 1977: 159)

Wie sich diese verschiedenen Aspekte gegenseitig bedingen und beeinflussen, zeigt folgendes Beispiel. Ein Verleger will in seinem Verlag Profit-Center einrichten. (Das ist in Abb. 36 zunächst eine Intervention bei (3). Die Redakteure sollen für Ihre Objekte ergebnisverantwortlich werden – jetzt sind wir bei (6). Damit sie das überhaupt sein können, müssen sie betriebswirtschaftliches Wissen (4) haben. Nur so können sie eine Abweichung im Deckungsbeitrag deuten, die passende Folgerung daraus ziehen und letztendlich die richtigen Maßnahmen ergreifen (5). Das mit dem Deckungsbeitrag setzt auf der technischen Seite aber die Teilkostenrechnung (2) voraus, sowie eine Datenbasis (1), die stimmt. Sonst wird das alles nichts werden mit dem hehren Anspruch des Chefs: »Ich will ergebnisverantwortliche Subunternehmer!«

Diese Problem-Struktur wäre ebenfalls ein probates Ordnungsgerüst, um beispielsweise die Leistungsfähigkeit der Controller-Arbeit zu untersuchen. Wo also sind die Problempunkte und

Lösungsansätze, um den Output aus der Controller-Arbeit zu verbessern? Beim Material, den Methoden usf.? Angenommen es gibt ein Verhaltensproblem. Die Controller vergraben sich, sind nicht greifbar. Woher kommt das? Jetzt könnten Sie nochmals einen Schritt weitergehen mit beispielsweise dem »Fischgrat«. Im technischen Bereich läuft dieses Diagramm unter dem Namen FMEA (Fehler Möglichkeits- und Einfluss-Analyse bzw. Failure Mode and Effect Analysis). Dieses Ursache-Wirkungsdiagramm geht auf den Chemiker Kaoru Ishikawa zurück, wurde später nach ihm »Ishikawa-Diagramm« genannt und ursprünglich zur Analyse von Qualitätsproblemen eingesetzt. Sein abstraktes Muster sieht so aus:

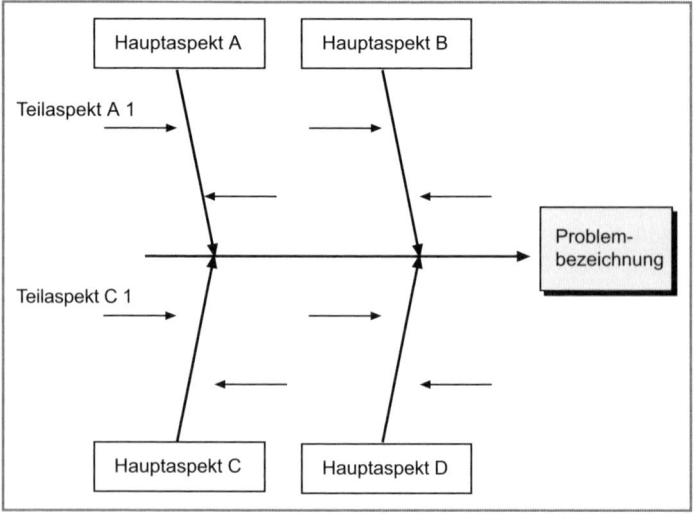

Abb. 37: Fischgrat

So könnten Sie beispielsweise die durch Interviews oder in einem Brainstorming erfassten Informationen in den Hauptaspekten der Problemstruktur als Fischgrat visualisieren. Aufgrund von diesem Überblick gilt es dann Maßnahmen abzuleiten und vorzuschlagen, wodurch die Controllertätigkeit konkret verbessert werden könnte.

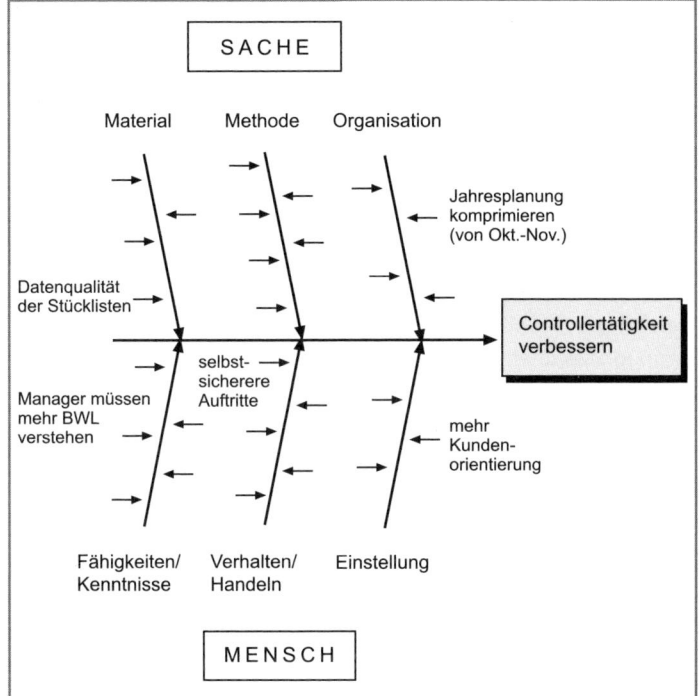

Abb. 38: Integration der Aspekte eines Problems in den Fischgrat (quasi das »Küchle-Ishikawa-Modell«)

Vom »Fischgrat« ist es nur noch ein kleiner Schritt zum Mindmap. Es erfreute sich die letzten Jahre zunehmender Beliebtheit und ich kenne eine Reihe von Managern, die ihre Gedanken in dieser Weise ordnen und ganze Sitzungen so dokumentieren. (vgl. dazu die Abb. 29)

Das Prinzip ist denkbar einfach und schnell gelernt: Das Thema oder die Sitzung wird in die Mitte geschrieben und von da aus werden Haupt- und Nebenäste gelegt, so dass die ganze Sache sich immer stärker ausdifferenziert. Einige wenige Prinzipien helfen, schnell wirkungsvoll zu werden. *(Müller 2006)* Sie müssen entscheiden, was

- Die Hauptaspekte des Themas sind;
- Wie Sie innerhalb von einem Hauptaspekt weiter unterteilen
- Und ggf. nochmals differenzierter werden. Dabei gilt: immer nur ein Wort schreiben!
- Dann gilt es über die Art der Schrift, eingefügte Symbole und gezeichnete Zusammenhänge ein Gesamtbild der Situation auszuarbeiten.

Eine Software unterstützt das Ganze – sie ist hilfreich und preiswert: www.mindjet.de

Dann gibt es aber bei den Logikbäumen so alte Bekannte wie die strategischen Portfolios, Produkt-Markt-Matrix, SWOT-Analyse, das »Eisenhower«-Fenster zur Zeitanalyse oder das »Johari«-Fenster. Sie alle sind als Visualisierung Platzhalter für die wohl bekannteste Form aller Strukturierungshilfen: die Matrix.

Auch die 2×2-Matrix ist ein Logikbaum

Ihr Charme liegt in ihrer Einfachheit und diese entsteht durch die Beschränkung auf gerade einmal zwei Dimensionen. Weil diese

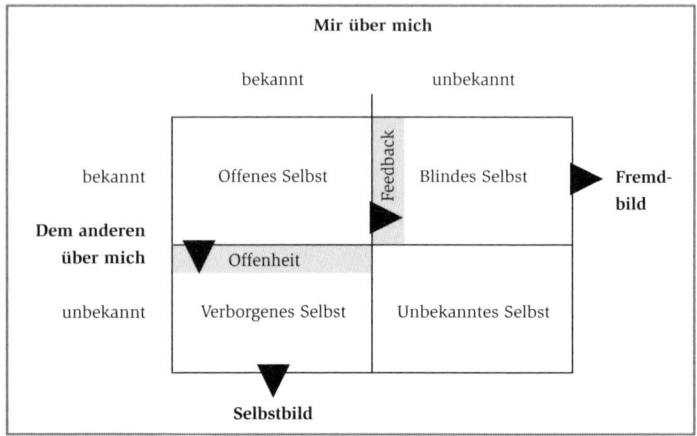

Abb. 39: Johari-Fenster (Luft 1961: 6f)

gegensätzliche Kraftfelder repräsentieren, entsteht in und durch die Matrix viel dialektisch geladene Spannung, die wiederum reichlich Diskussionen evoziert und zu Entscheidungen führt. Ein Klassiker ist das Johari-Fenster.

Wenn beim Johari-Fenster oder auch beim Strategieportfolio (»Wettbewerbsstärke« und »Marktattraktivität«) der Gegensatz und die Spannung von einem »innen« und »außen« lebt, so ist es ein anderes Mal jener zwischen »Inhalt« und «Prozess«, nochmals ein anderes Mal zwischen »Veränderung« und »Stabilität« oder »können« und «wollen«.

Rein handwerklich gibt es einige wenige **Prinzipien**, die als Leitidee dienen, um eine aussagefähige Vierfelder-Matrix zu entwerfen. *(Lowy/Hood 2004: 27ff)*

1. Die kreative Spannung in der Matrix selbst entsteht durch relevante, nicht auflösbare, gegensätzliche Kräfte zwischen den beiden Achsen. Beim Johari-Fenster ist es das »Ich« und »Du«, beim Eisenhower-Fenster »dringend« und »wichtig«, bei Ansoff das »Produkt« und der »Markt«.
2. Die Achsen müssen zueinander in einer Opposition stehen, voneinander unabhängig sein. Nur so erhält man auch vier

	Nicht dringend	Dringend
Wichtig	In den Zeitplan aufnehmen	**Sofort tun**
Unwichtig	Nein sagen Ab in den Papierkorb	Delegieren

Typische Tätigkeiten für jeden Quadranten sind:

	Nicht dringend	Dringend
Wichtig	Quadrant der **Qualität** Strategie Innovation Eigene Weiterbildung	**Quadrant der Notwendigkeit** Krise Notfall End-Termin-Hektik
Unwichtig	Quadrant der **Verschwendung** Teil der Infoflut Gefälligkeiten Triviales	**Quadrant der Täuschung** Tagesgeschäft Viele Täuschungen Unangemeldete BesucherInnen

Abb. 40: Eisenhower-Fenster (http://www.poeschel.net/zeit/eisen.php)

relevante Quadranten – was der eigentliche Test ist für die Güte der Achsenbezeichnungen. Diese Opposition gibt es in drei richtigen und einer falschen Form:

a. Direkter, für das Thema relevanter Gegensatz: Ist etwas »dringend« oder »wichtig« – hier geht es beim Thema um die Arbeitsprioritäten; oder Druckers »doing things right« versus »doing the right things« – hier geht es beim jeweiligen Thema um die richtige Vorgehensweise – taktisch richtig und/oder strategisch richtig.

b. Eine relevante, sich ergänzende Opposition: Die beiden Achsen bezeichnen Andersartiges, aber beide unterschiedlichen Aspekte hängen doch zusammen. Das strategische Portfolio (»relativer Marktanteil« und »Marktwachstum«) ist ebenso ein Beispiel dafür wie die SWOT-Analyse. In einem Beratungsfall – es ging dabei um Personalentscheidungen nach einem Change und die immer wieder auftauchende Frage, wie man mit total erfolgreichen, aber

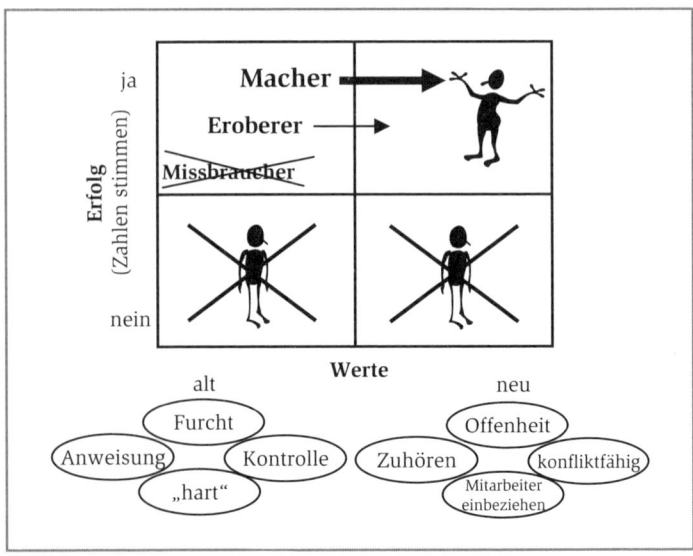

Abb. 41: Erfolg-Werte-Matrix (Stamm 2003)

gegenüber den Veränderungen resistenten Managern verfahren solle – entwickelte ich die Erfolgs-Werte-Matrix.

c. Ein Gegensatz, der mit Gleichem gekoppelt ist: Das Johari-Fenster repräsentiert den Gegensatz »ich« versus »du«. Und das Gleiche: Auf beiden Achsen wird gleich unterschieden zwischen »bekannt, weiß« und »unbekannt, weiß nicht«. Ebenfalls häufig begegnet man zwei relevanten Aspekten eines Themas, die auf jeder Achse mit »ja« und »nein« oder mit »hoch« und »niedrig« bezeichnet sind.

Warum überhaupt Wachstum - Motive?

Allgemein: Aktienrenditen korrelieren positiv mit Umsatzwachstum und Gewinnwachstum (Raisch et. al. 2007: 4. Daten: Fortune Global 500 Unternehmen, 1995-2004)

Umsatzwachstum

	<5%	5-10%	10-15%	>15%
>15%	6,9%			**22,6%**
10-15%			**15,7%**	
5-10%		**13,2%**		
<5%	6,7%			9,2%

Gewinnwachstum

Regel 3:
Gewinnwachstum wird stärker belohnt als Umsatzwachstum!
Regel 4:
Wer auf die Aktienrendite achtet, sorgt für profitables Wachstum!

Abb. 42: Gewinn- und Umsatzwachstum (Stamm 2008: 18)

d. Nur scheinbare Gegensätze erkennen Sie daran, dass Veränderungen bei einem Faktor der abhängigen Variablen aus Veränderungen beim anderen Faktor der unabhängigen Variablen stammen. Zwei von den vier Quadranten ergeben dann keinen eigentlichen Sinn. Führen mehr Investitionen stets zu mehr Wachstum, ist die Beziehung kausal. Daraus resultiert in der Graphik eine Linie oder ein Korridor. Führt mehr Wachstum immer zu mehr Gewinn, ist auch hier die Beziehung kausal und viele Probleme wären gelöst. Tatsächlich aber ist bei »Wachstum« und »Gewinn« eine dialektische Spannung verborgen und die dazu gehörende Matrix ist oben zu finden.

Logikbäume im Allgemeinen und die Vierfeldermatrix im Speziellen helfen, Problemen auf den Grund zu kommen und Lösungsvarianten zu erarbeiten. Als Visualisierung unterstützen sie den Meinungsbildungsprozess, erleichtern Gespräche und die Entscheidungsfindung.

Der Inhalt des Stichworts »Logikbäume« entspricht weitgehend den Ausführungen in: Titscher/Stamm: Erfolgreiche Teams. Linde-Verlag Wien 2006

→ Tipp

Weiterführende Grundlagen für den Text zum Stichwort »Logikbäume« finden Sie in:
- Lowy, Alex/Hood, Phil 2004: 2 x 2 Modeling and Problem Solving, Consulting to Management Vol. 15, No.3
- Minto, Barbara 2005: Das Prinzip der Pyramide. München-Boston etc.: Pearson. Ein wunderbares Buch – ja geradezu ein Muss für jeden Controller!

Manipulation

In einem ersten Schritt steht die Begriffsklärung an – bevor es dann zu den konkreten Manipulationstechniken geht.

Zum Begriff

Allein der Begriff Manipulation löst Emotionen aus und wird geradezu reflexartig durch moralische Kategorien überlagert. Die Bewertungen gehen von »ist doch ganz normaler Alltag – ich werde täglich von meiner Frau und den Kindern manipuliert« über »auch jede Werbung ist manipulativ« zu »nicht jede Manipulation ist verwerflich und negativ zu sehen« und »auch wenn Controller Zahlen bewerten, betreiben sie Meinungs-Manipulation«. Man sieht, das Bedeutungsspektrum der Manipulation ist breit. Erst eine voran gestellte Begriffsklärung schafft die Basis für die sich anschließenden Ausführungen.

Im Langenscheidt Fremdwörterbuch steht unter Manipulation folgender Eintrag:

1. Einflussnahme, Beeinflussung von Menschen, Meinungslenkung
2. Verfälschung von Ergebnissen im Sinne des Beeinflussenden
3. Kniff, Kunstgriff, (undurchsichtige) Machenschaft
4. (kunstgerechte) Bedienung von Apparaten, Handhabung

Gehen wir von einem soziologischen und arbeitspsychologischen Kontext dieses Buches aus, ist für die weitere Diskussion Punkt 4. uninteressant. Während die Umschreibungen zu 2. und 3. ins Negative gehen, bleibt Punkt 1. neutral – »eine Einflussnahme, ein Beeinflussen von Menschen« ist weder verwerflich noch es Wert, besonders kritisch unter die Lupe genommen zu werden. Somit müsste man das eingangs erwähnte Zitat (»auch jede Werbung ist manipulativ«) als korrekte Aussage durchgehen lassen, denn sie ist tatsächlich eine Einflussnahme. Aber ist das wirklich so?

Bei Wikipedia (am 8.7.09) wird zuerst die Manipulation von Dingen, dann von Daten und dann von Menschen besprochen. Schon der erste Satz trifft meines Erachtens den Nagel auf den Kopf: »Von Manipulation eines Menschen spricht man dann, wenn die Annahme eines Identifikationsangebots oder einer Ware und Dienstleistung nicht zu seinem Vorteil sondern zu seinem Nachteil führt.« Das ist der Kern der Manipulation. Sie bringt mich zu einem Verhalten das, wüsste ich die wahre Absicht des Manipulierenden, ich nie an den Tag legen würde weil es letztlich nur ihm nützt, mir aber schadet. Die Undurchsichtigkeit schränkt das Handlungsspektrum des Manipulierten ein, nimmt ihm die Möglichkeit, nein zu sagen, gefährdet seine Autonomie. Darin unterscheidet sich die Manipulation von der >Motivation und der Einflussnahme durch das offene Gespräch, bei dem auch die Interessen des Gegenübers eine wichtige Rolle spielen.

Die Folge entdeckter Manipulation ist nur logisch: Sie führt zu einem Vertrauensbruch, zu Distanz, zu einem übervorsichtigen Umgang miteinander. Deswegen sei schon an dieser Stelle gesagt: Wer – wie ein Controller – Vertrauen als Werte- und Arbeitsbasis braucht, lässt seine Hände von der Manipulation. Sie ist, jenseits aller moralischen Bedenken, als Intervention nicht geeignet für langfristige Arbeitsbeziehungen.

Zwei Absätze nach dem obigen Zitat ist bei Wikipedia weiter zu lesen: »Der Begriff der Manipulation ist negativ besetzt; Manipulation kann laut Definition nicht positiv sein – wird ein positives Ereignis angestrebt oder erreicht, handelt es sich um Kommunikation zur Überredung oder Überzeugung. Manipulierte Menschen handeln nicht aus eigenen Einsichten oder Überzeugungen, sondern fremdbestimmt. Diese Lenkung durch Beeinflussung von außen erzeugt in der Regel negative Emotionen beim Opfer.«

Halten wir für unsere Zwecke also fest, »Manipulation« ist nicht nur Einflussnahme, sondern eine Einflussnahme, die negativ besetzt ist, weil der Manipulierte verführt wird, er den Schaden und der Manipulierende den Nutzen hat. Der Manipulierte sieht sich zu Recht als Opfer. »Manipulation bleibt tatsächlich die letzte Zuflucht für Leute ohne Macht. Sie besitzt außerdem den Vorzug, nicht als solche zu erscheinen, und belässt den anderen im Gefühl der Freiheit.« *(Joule/Beauvois 1997: 9)*

Gleichen wir nun exemplarisch ein eingangs erwähntes Zitat aus dem Alltag (»auch jede Werbung ist manipulativ«) mit der Theorie ab und verzichten auf sophistische Spitzfindigkeiten, ist eine Nivea-Werbung sicherlich nicht manipulativ, während eine Tupperware-Party sich schon manipulativer Strategien bedient (>Team und dort: Konformitätsdruck, Gruppenzwang) und die »Geschenk-Veranstaltung« eines Produktwerbers, der ein das Leben verlängerndes Nahrungsergänzungsmittel preisreduziert (!) für 798 Euro die Packung an ältere Leute verkauft, vollends in der Schmuddelecke landet. *(SZ vom 20. Juli 2007: 42)*

Was nun sind konkret die Manipulationstechniken?

Es lassen sich einige wenige Hauptstrategien herausschälen. Allen ist gemeinsam, dass das letztlich intendierte Zielverhalten beim Manipulierten nur durch eine vorgeschaltete Sequenz zustande kommt. Manipulation braucht sozusagen ein Vorspiel.

Bei der **Reziprozität** kann der Manipulierende darauf zählen, dass, wenn er etwas gibt, er auch etwas zurück erhält. Der Ausgleich, die Reziprozität ist eine in der menschlichen Gesellschaft tief verwurzelte Norm. Auch Geschenke schaffen den psychischen Druck, sich zu revanchieren. Darauf bauen zum Beispiel Pharmafirmen, wenn sie Ärzte nach Mallorca zu einem »Kongress« einladen. So funktionieren aber auch die diversen >Netzwerke.

Jeder Manipulierende kann darauf bauen, dass **Konsistenz** ein wünschenswertes Persönlichkeitsmerkmal und wichtiges Verhaltensmotiv ist: Die Meisten von uns wollen als verbindlich, stabil, ehrlich und glaubwürdig erscheinen. Das führt dazu, dass, wenn wir einmal zu einem Thema eine Meinung geäußert haben, wir später durch unser Verhalten dieselbe Meinung auch an den Tag legen wollen. Eben: Wir wollen konsistent sein. Eine Testperson liegt am Strand mit einem Handy. Sie geht weg, lässt aber das Handy »aus Versehen« liegen. Ein »Dieb« kommt und entwendet das Handy. Der daneben liegende Badegast greift nur in 4 von 20 Fällen ein. Sagt aber die weggehende Person zu der daneben Liegenden: »Entschuldigung, ich muss mal schnell weg, passen Sie auf mein Handy auf?« dann greifen 19 von 20 ein, wenn ein »Dieb« kommt.

»Die Andern tun es auch oder haben es auch« ist eine weitere wichtige Manipulationsstrategie. Sie wird auch häufig in der Werbung angewandt – Menschenmassen signalisieren immer: Die Andern tun's auch! Dieses sozial Bewährte oder der **Herdentrieb** hilft dabei, Komplexität zu reduzieren und schnell Entscheidungen zu treffen. Auch Unsicherheit fördert das Verhaltensmuster. Liegt man später mit seiner Entscheidung daneben, hat man sich mit anderen zusammmen getäuscht – was allemal tröstlicher ist, als wenn man als einziger Depp auf einsamer Flur da steht. Was viele andere tun, kann nicht profund falsch sein. Nur so sind Dinge zu verstehen wie:

- Die alte Fernfahrerregel: Halte nie an einer Raststätte mit leeren Parkplatz!
- Die Attraktivität eines Mannes steigt für Frauen, wenn er schon vergeben ist!
- Legen Sie eine kleine Münze in den Teller des Reinigungspersonals in der Autobahntoilette und sie wird sehr schnell entfernt, so dass nur 50 Cent Stücke oder die 1 Euromünze sichtbar liegen bleiben. Die Botschaft: Schau und nimm Dir ein Beispiel!

Immer wird damit gerechnet, dass die anderen die zentrale Orientierung für mein Verhalten in einer Situation sind! »Da 95 % der Leute Nachmacher sind und nur 5 % Vormacher, lassen sich die Leute mehr durch die Handlungen Anderer überzeugen als durch jedes andere Argument.« *(Cialdini 1997: 157)*

Wer unsere **Autoritätsgläubigkeit** anzapfen kann, erreicht viel. »Porsche runs SAP«. Und schon läuft in meinem Unbewussten der

Film ab: »Aha, wenn sogar Porsche SAP hat, dann muss die Software wohl gut sein. Eine gute Firma wie Porsche kauft nur gute IT-Lösungen.« Würde SAP auch so mit Skoda werben? Bei Rot noch schnell über den Fußgängerstreifen huschen – wer kennt das nicht? Steckt die Testperson im Businessanzug und Krawatte, also mit den Insignien von Macht und Kompetenz, folgen ihr vier Mal mehr Personen nach als wenn sie lässig in Pullover und Jeans gekleidet ist. Auch Doktor- und Professorentitel und Visitenaufdrucke wie »Generalbevollmächtigter« haben weit über die Sachebene hinaus ein Ziel: unsere Autoritätsgläubigkeit anzuzapfen.

Was **knapp** ist, weckt unsere Begehrlichkeit. »Nur so lange der Vorrat reicht«, »Nur wenige Geräte pro Filiale verfügbar«, »Nur bis zum 31.7. um 20 % reduziert«, »Leider 6 Monate Lieferfrist«, »Bitte reservieren Sie sich unbedingt einen Platz«, »Dieser Jahrgang wird schnell abverkauft sein«, »Der Film ist für Jugendliche ungeeignet« – alles Signale der Knappheit mit dem Ziel ein intendiertes Verhalten auszulösen. (Übrigens: Dieses Buch gibt es nur in einer limitierten Auflage von 999 Stück!)

Nutznießer der Manipulation ist immer, wer weiß, wie die fixierten Handlungsmuster funktionieren. Kenntnisse über Manipulation zu haben ist insbesondere aus einer Perspektive wichtig, nämlich sich vor ihr zu schützen. Unterscheiden zu lernen zwischen Sein und Schein, zwischen wirklicher Information und linken Touren. Wenn jemand also sagt, er hätte das Berichtswesen bei BMW auf völlig neue Beine gestellt und das stimmt, dann ist das natürlich auch Einflussnahme (»Der muss ganz schön kompetent sein!«) und, solange wir uns an die Wahrheit halten, völlig okay. Wer sich aber mit einem erlogenen Projekterfolg schmückt, wird zu Recht stigmatisiert und sozial isoliert.

Es wäre allerdings abwegig, jedes Geschenk und jede Einladung zu einem Essen gleich mit Manipulation in Verbindung zu bringen, weil es ebenso gut Empathie oder aufrichtiges Interesse am andern oder auch nur eine witzige, spontane Idee sein kann. Einerseits. Andererseits läuft das »Sich-verpflichtet-sein« von klein nach groß –

erst kleine Geschenke, dann große Erwartungen. Manipulation ist kein Geben und Nehmen – Manipulation ist ein Geben und Nehmen und nochmals Nehmen.

→ **Tipp**

Fußnote: Mehr zum Thema Manipulation gibt es im CAP-Workshop »Führen«.

Moderation

Dieses umfangreichere Stichwort finden Sie so untergliedert:

- Unterschied zwischen einer 08/15-Sitzung und der Moderation
- Was ist bei der Moderation wichtig?
- Die Vorbereitung der Moderation
- Die Grundhaltung des Moderierenden
- Die Fragetechniken und innere Haltung zu den Fragen
- Menschen miteinander in vertieften Kontakt bringen
- Über Tools verfügen
- Das Gespräch und die (Zwischen-) Ergebnisse festhalten
- Das Danach frühzeitig bearbeiten
- Zusammengefasst

Es fällt einem leichter das Thema der Moderation zu verstehen, wenn man es vom Ende her anschaut und dann von dort aus fragt: Wie kommen wir da hin?

Am Ende einer Moderation soll ein Output stehen, der fachlich fundiert und qualitativ hochwertig ist. Bei einfachen Problemen oder solchen, die nach nur einem einzigen Experten mit seinem Spezialwissen verlangen, liegt die Lösung auf der Hand. Das Mittel zum Zweck heißt dort: es gemäß der Routine abarbeiten respektive den Experten fragen. Die Meta-Regel dazu heißt: Tue erst einmal das nahe Liegende.

Die Moderation braucht es bei komplizierten Sachverhalten und Zusammenhängen, wo es wenig Offensichtliches und viel Hintergründiges und ganz sicher keine leichten Wege mehr gibt. Moderation ist als Problemlösungsweg dort angesagt, wo das zu bearbeitende Thema vielschichtig ist und komplex, wo es mehr Probleme gibt als Chancen. Vielschichtig und komplex bedeutet aber auch sofort, dass Rationalität allein nicht mehr ausreicht, das Thema zu bearbeiten und zu lösen. Der Entscheid wird mitbeeinflusst durch Grundüberzeugungen, Ideologien, Mikropolitik,

Interessen, Schachzüge und vieles dergleichen mehr. Weil diese Themen direkt – aber in den meisten Fällen wohl eher indirekt, sprich von rationalen Sachargumenten ummantelt – zur Sprache kommen, sagt man über die Moderation, sie erhöhe die Akzeptanz für einmal gefundene Lösungen. Jenseits aller Technik liegt die Kunst des Moderators darin, normalerweise Unausgesprochenes, Überhörtes, für selbstverständlich Gehaltenes herauszuhören, es zu verstärken und besprechbar zu machen. Sein Nichtwissen hilft und erlaubt ihm, auch dort noch nachzufragen, wo der Insider sich scheut, um nur nicht »blöd da zu stehen«, für einen Idioten gehalten zu werden oder in Tabuzonen hinein zu geraten. Und nicht selten antwortet dann darauf hin ein Dritter: »Nein, nein, so habe ich das aber nicht verstanden. Vielmehr will ich mich so verstanden wissen, dass ...« Sein Nichtwissen bringt der Moderator bevorzugt über Fragen ins Spiel und dieses Nichtwissen deckt häufig Verschwiegenes ebenso wie Logikbrüche oder implizite Grundannahmen auf.

Die Kunst der Moderation besteht nicht darin, mit schöner Schrift auf farbige Moderationskärtchen zu schreiben. Die Kunst besteht darin, Prozesse zu evozieren, die Menschen miteinander in einen vertieften Kontakt bringen – der Sache wegen. Und die kann nur sein: a) einen qualitativ hochwertigen Output zu erarbeiten, b) der gleichzeitig mit viel Akzeptanz geladen ist. Gelingt das eine oder andere nicht, war es nur: schön. Eben schön, aber umsonst, es wird sich nichts bewegen.

Unterschied zwischen einer 08/15-Sitzung und der Moderation

Sich bei einem komplexen Gegenstand einen qualitativ hochwertigen Output gekoppelt mit viel Akzeptanz zu erarbeiten – kann das nicht auch in einer ganz normalen Sitzung gelingen? Doch, kann es. Normale Sitzungen werden im betrieblichen Alltag sicher häufiger vorkommen als astreine Moderation. Was unterscheidet also die normale Sitzung von der Moderation?

Sicher nicht der Schwierigkeitsgrad des Themas. Übrigens auch nicht die Klamotten: In beiden Situationen geht es sowohl mit den sprichwörtlichen Jeans als auch mit Anzug und Krawatte.

Der Fertigstellungsgrad bei der Problemlösung spielt eine gewisse Rolle. Moderation lohnt sich nicht mehr, wenn die Sache steht, also schon entscheidungsreif ist und nur noch etwas diskutiert oder zur Kenntnis genommen werden muss. Das ist ein wichtiges Zwischenresultat: Moderation findet **auf dem Weg** zur finalen Entscheidung statt.

Der zweite Punkt, vielleicht der Wichtigste, ist: **Transparenz.** Die Moderation schafft Vielfalt, die laufend dokumentiert wird und sie schafft Zwischenentscheidungen für dieses und gegen jenes, was ebenso dokumentiert wird. Moderation ist eine Methode, bei der Besprochenes festgehalten wird – Zwischendurch-Resultate ebenso wie Schlussresultate. Wenn also eine moderierte Gesprächsrunde zum Schluss kommt, das Teilthema »Konsignationslager« spiele für das übergeordnete Thema der »Kosteneinsparungen« keine Rolle, so ist dieses Teilthema eben nicht nur ausgeschlossen, sondern der Ausschluss auch schriftlich festgehalten. Ebenso klar ist, wer an diesem Entscheid mitgearbeitet hat, mithin welche Abteilungen direkt und indirekt in den Entscheid involviert waren. Schriftlichkeit schafft also Transparenz und erschwert hinterher Ausweichmanöver, das Vergessen und die Mikropolitik.

Wer hingegen Letzteres mag oder braucht, wird die Moderation als Vorgehensweise verwerfen und lieber auf Sitzungen mit ihren rein verbalen Statements und Plädoyers – hier dafür, dort dagegen – setzen. Auch lässt es sich viel leichter manipulieren in »normalen« als in moderierten Besprechungen.
Er wird die Moderation aber auch deswegen verwerfen, weil das, was zu sagen und zu schreiben ist, in und mit einem gesamten Team besprochen wird. Mit einem gesamten Team und eben nicht bilateral mit diesem und bilateral mit jenem. Moderation reduziert intransparente Mikropolitik, Machtspiele und das Vertreten

von Interessen, nicht weil sie etwa ausgeschlossen würden, sondern gerade weil sie eingeschlossen sind und damit ein gutes Stück weit transparent werden. Aber eben: Nicht nur transparent für einige wenige, sondern für alle.

Darum ist der dritte und aller wichtigste Punkt der, dass Moderation heißt, **gemeinsam** die Köpfe zusammen zu strecken und an etwas zu arbeiten. Also nicht nur über etwas zu entscheiden, was von anderen erarbeitet worden ist und als Vorlage präsentiert wurde, sondern ein Stück weit selbst »Hand anzulegen«, sich ins Thema zu verbeißen und häufig darüber auch ein wenig die Zeit vergessen, weil es gerade so spannend ist.

Es ist interessant: Schon seit vielen Jahren betreue ich – mit meinem Beraterkollegen Peter Hinnen zusammen – als Moderator die Geschäftsleitung eines großen Unternehmens. Jeden Montagmorgen finden dort Geschäftsleitungssitzungen statt und sechs Mal pro Jahr geht dieselbe GL in eine zweitägige Klausur. Was sind die Unterschiede zwischen dem einen und dem andern, zwischen stramm geleiteter Sitzung und moderierter Klausur? Ich habe die sieben Herren gefragt und sie meinten im Wesentlichen:

1. Wir sind über längere Zeit nur unter uns und
2. arbeiten gemeinsam an einem Thema – mal als GL-Team, mal zu dritt, mal in Einzelarbeit.
3. Wir arbeiten über längere Zeiteinheiten an einem Thema, der Zeitdruck spielt nicht die Rolle und
4. reflektieren unsere Zusammenarbeit, reflektieren uns als Team.

Hier leuchtet ein weiteres Merkmal moderierter Gespräche auf: die **Zeit**.

Natürlich gibt es auch in moderierten Klausuren einen Plan, der Inhalte, Zeiten und Ziele betrifft. Aber: Man nimmt sich für jeden Punkt mehr Zeit und bespricht ihn auf eine andere Art und Weise. Man beachte wieder: Das lässt sich nur rechtfertigen, wenn die Problembearbeitung noch auf dem Wege ist!

Lassen Sie uns im Zusammenhang mit der Zeit auf eine konkrete Episode schauen, wie sie sowohl in einer 08/15- wie in einer moderierten Sitzung vorkommen kann. Eine Episode, die mal so und mal so weiter geführt werden kann, aber, und das ist ja gerade der Unterschied, andere Zeitverbräuche impliziert.

Angenommen es ist über ein Thema präsentiert worden: Sowohl der Hoteldirektor wie der Leiter Finanzen plädieren, jeweils aus unterschiedlichen Perspektiven, für einen Erweiterungsbau zum bestehenden Hotel. In einer 08/15-Sitzung würde jetzt der Diskussionsleiter (man bemerke die Wortwahl) das Gespräch über die Präsentationen frei geben. Sei es, dass er Raum gibt für Verständnisfragen, sei es, dass er sagt: »Sie haben das gehört, meine Dame, meine Herren ... (Pause) ... jetzt interessiert mich Ihre Meinung.« Ein Moderator sollte genau das nicht tun. Er weiß um gruppendynamische Prozesse, kennt das Thema »Konformitätsdruck« oder »Groupthink« und wird deswegen erst eine Einzelarbeit veranlassen, bevor man miteinander in Kontakt tritt. Das ist matchentscheidend!

Nur: Einzelarbeit ist schön und gut, aber die will vorbereitet sein! Der Moderator überlegte sich im Vorfeld zum Investitionsvorhaben drei bis fünf Leitfragen, z. B.

- Welchen intuitiven Eindruck hatten Sie während der beiden Präsentationen? Also: Was sagt Ihnen Ihr Bauchgefühl?
- Wenn Sie diese Mittelverwendung für den Hotelbau abgleichen mit unserer Strategie: Wie passt das zusammen? (Bitte auf einer Skala von 1 (gar nicht) bis 10 (super) bewerten.) Begründung?
- Worin sehen Sie persönlich die zwei, drei Hauptrisiken und die zwei, drei hauptsächlichen Chancen? Was ist zu tun um das eine zu minimieren, das andere zu maximieren?
- Was ist mir sonst noch wichtig?

Diese Leitfragen werden jetzt von allen Anwesenden in Einzelarbeit bearbeitet und schriftlich – idealerweise auf Flipchart – dokumentiert. Alleine dieser Arbeitsschritt nimmt schon mal leicht mit der ganzen Logistik eine halbe bis dreiviertel Stunde in Anspruch. Danach kommen die einzelnen Präsentationen mit kurz gehaltenen Verständnisfragen (Achtung: Noch nicht in die vertiefte Diskussion einsteigen!) Erst dann erfolgt, auf der Basis dieser breit gefächerten Auslegeordnung, die moderierte Diskussion zwischen den Beteiligten: Das aber nie, ohne dabei in die bestehenden Flipcharts zusätzlichen Text oder Markierungen einzufügen, Zwischenresultate festzuhalten und gegen Ende die »To-do-Liste« und »Kontrakte« weiterzuführen. Das ist gleichzeitig auch ein Beispiel dafür, wenn ich weiter oben sagte, Moderation bedinge ein Stück weit selbst »Hand an zu legen«.

Dauerte das Gespräch in einer 08/15-Sitzung ca. eine Stunde, so braucht die Moderation garantiert viermal so viel. Sie kommt aber auch so gut wie sicher entweder schon zu einem Entscheid oder zu sehr konkreten Punkten, wie im Thema weiter zu verfahren ist. Die Frage nach effektiver und effizienter Arbeit heißt hier: Lohnt sich die investierte Mehrzeit von 3 Stunden für 6 Personen bei einem Investitionsvolumen von 35 Mio. Franken?

»Was unterscheidet die normale Sitzung von der Moderation?« lautete die eingangs gestellte Frage. Das fünfte Element ist ein weiteres Schlüsselelement, ohne das keine Moderation gelingen kann: die **Kultur**, die erlaubenden Werte und Normen.

Kürzlich waren wir mit besagter Geschäftsleitung in Klausur und nebenan tagten die Mitarbeiter einer kantonalen Regierungskanzlei. Zugegen waren auch verschiedene Regierungsräte – in Deutschland wären das die Minister eines Bundeslandes. Einer unserer Direktoren kannte nun eine der Regierungsrätinnen sehr gut und bat sie in einer Pause in unseren Raum, um ihr den Geschäftsleiter vorzustellen. Als sie in unseren Raum hinein kam erschrak sie ein klein wenig – es war ein Chaos von Flips, Pinwänden, Laptops und Beamer! Da meinte sie schmunzelnd, sie hätte selbst eine Ausbildung in Moderation gemacht und auch schon einmal versucht, mit den Regierungsräten – »wenigstens in den Klausuren!« – so zu arbeiten. Die aber würden das nicht mögen, »es sei auf keine Gegenliebe gestoßen«, wie sie diplomatisch meinte. Die Episode ist aufschlussreich und verweist auf den Kontext, in dem Arbeit stattfindet, verweist auf Werte und Normen und damit darauf, was bei uns »norm-al« ist und geht, respektive was »a-normal« ist und eher merkwürdig, ja verdächtig – eben was nicht geht.

Zusammengefasst sind die wesentlichsten Merkmale einer Situation, die für eine moderierte Sitzung sprechen, folgende:

- Die Problemlösung ist noch nicht fertig, sondern erst noch zu erarbeiten und das Thema komplex und/oder brisant. Im letzteren Fall will sich der formale Leiter zurückhalten und übergibt die Leitungsfunktion dem Moderator, damit er inhaltlich selbst mitmachen kann.
- Gemeinsame Arbeit am Thema ist gewünscht oder gefordert, es heißt die Köpfe zusammenzustecken. Es gilt, bezogen aufeinander und gemeinsam an etwas zu arbeiten. Dazu wiederum braucht es die Bereitschaft der Beteiligten.
- Man nimmt sich für ausgewählte Punkte mehr Zeit, leuchtet sie intensiver aus und bespricht sie auf eine andere Art und Weise, eben auch: schriftlich.

Diese ersten drei Punkte führen insgesamt zu einer besseren Qualität der Problemlösung. Der Prozess der Arbeitsweise steigert die Akzeptanz für die Problemlösung. Qualität und Akzeptanz zusammen erhöhen die spätere Umsetzungswahrscheinlichkeit.

- Moderation schafft Transparenz. Die Vielfalt wird ebenso dokumentiert wie die Reduktion derselben.
- Ein Bestimmungsmerkmal kommt aus dem Rahmen, der eine Moderation ermöglicht oder verhindert: die Kultur, die erlaubten Werte und Normen.

Was ist bei der Moderation wichtig?

Karin Klebert et. al. definiert Moderation als »eine Mischung aus Planungs- und Visualisierungstechniken, aus Gruppendynamik und Gesprächsführung, aus Sozialpsychologie, Soziologie, Betriebs- und Organisationslehre mit einem Verständnis von sozialen und psychischen Prozessen, die sich an Erkenntnissen und Erfahrungen der humanistischen Psychologie anlehnen.« *(Klebert et. al. 1987: 8)*

Uff, eine ganze Menge und: Sie hat recht. Alleine dieses Wissens-spektrum macht deutlich, wie schwierig und teilweise auch will-kürlich die Eingrenzung der Antworten zur anfangs gestellten Frage ist. Legte man beispielsweise den Schwerpunkt auf das erste Signalwort »Planungs- und Visualisierungstechniken«, wäre hier über die Konzeption und Vorbereitung einer Moderationsein-heit zu schreiben. Also: Was ist wichtig davor, während und da-nach. Zu jedem Teil kämen konkrete Unterpunkte. Aber sowohl der >Sitzung als auch der >Visualisierung ist in diesem Buch ein eigenes Stichwort gewidmet. So geht es weiter mit der Gruppen-dynamik, wo unter >Team relevante Sachverhalte aufgeführt sind, so dass es nicht zu einem von der Realität abgelösten >Ent-scheid kommt – im Konsens zwar, aber weit weg von allem Mach-baren und Wünschenswerten.

Nein, worüber ich an dieser Stelle schreiben möchte sind die Hürden, die eine Moderation erschweren oder einen daran hin-dern, das Ziel zu erreichen. Ich beschränke mich dabei bewusst auf einige wenige Punkte, die aber für den Erfolg alle matchent-scheidend sind. Ich nenne sie deswegen auch gerne »Pareto-A-Faktoren«, weil diese Wenigen (20 %) viel bewirken (80 %). Die-se äußerst selektive Vorgehensweise ist auch im Hinblick darauf gerechtfertigt, dass sich heutzutage schon viele Controller die grundlegenden Moderations-Skills aneignen konnten – vom Be-schriften von Flips über das Gestalten von Pinwänden bis hin zu den Karten. Was also ist darüber hinaus zentral? Eben:

- Die Vorbereitung der Moderation;
- Die Grundhaltung des Moderierenden;
- Die Fragetechniken und innere Haltung zu den Fragen;
- Menschen miteinander in vertieften Kontakt bringen;
- Über Tools verfügen;
- Das Gespräch und die (Zwischen-) Ergebnisse festhalten;
- Das Danach frühzeitig bearbeiten.

Dazu im Folgenden einige Hinweise.

Die Vorbereitung der Moderation

Es beginnt bei der Klärung des Themas, es beginnt mit dem Auftrag des Auftraggebers! Häufig ist er zunächst zwischen Tür und Angel abgesetzt oder als flüchtiges Mail formuliert: »Kümmern Sie sich doch mal darum, wie man für unser Privatkundengeschäft einen Wachstumskorridor bestimmt. Habe Ihnen den interessanten Artikel von Raisch aus der HBR hinzugefügt. Aber machen Sie das nicht ohne unsere Leute vom Marketing – und den Controller sollten Sie auch gleich dazu nehmen.«

Der erste Schritt bestimmt den Zweiten. Er ist fundamental. Und gerade weil aller Anfang schwer ist, gilt es ihn, wo immer möglich, zu erleichtern und die spätere Arbeit zielführend auszurichten – z. B. mit Hilfe bewährter Standardfragen:

- Was soll mit dem Vorhaben erreicht werden und woran erkennt der Auftraggeber, dass man es erreicht hat?
- Was sind die Nicht-Ziele – obwohl sie einige Leute erhoffen, andere befürchten und die Nächsten eigentlich erwarten?
- Formulieren Sie das ganze Vorhaben in Frageform:
  »..?«

(Diesen Zauberschlüssel zur Ausrichtung der Arbeit habe ich von meinem langjährigen Kollegen und Freund Stefan Titscher geschenkt erhalten. Die Idee dahinter ist, dass wir durch die gesamte nachfolgende Arbeit eine Antwort auf diese eine Frage suchen und finden sollen. Der Tipp wirkt im Übrigen auch wunderbar bei der Definition von Projekten! Das Projekt an sich ist dann die Antwort auf die Leitfrage.)

Matchentscheiden für eine gute Vorbereitung ist aber auch, wer mit von der Partie ist. Was wichtig ist, ist die Zusammensetzung des (arbeitenden) Teams und des (später entgegennehmenden und diskutierenden) Plenums. Des Plenums, oder wie ich inzwischen lieber sage, weil der Begriff zusätzlich die Funktion benennt: der Resonanzgruppe. Stellen Sie sich deswegen immer folgende Leitfrage: Wenn Thema XYZ ansteht, wen braucht es dann als Resonanzgruppe im Raum, um das Thema angemessen bearbeiten und weiter treiben zu können?

Zu den Auswahlkriterien für die Zusammensetzung des Projektteams ist unter dem Stichwort >Team nützliches aufgeführt. Darüber hinaus sei ergänzend angemerkt, dass es sich lohnt, die Implementierung eines erst noch zu erarbeitenden Konzepts schon sehr, sehr früh mit zu bedenken. Das führt zu personellen Entscheiden, wie das Team und die Resonanzgruppe zusammen zu setzen sind. Mit eingeschlossen sind hier auch taktische Überlegungen, die sich später, wenn es um das (Projekt-) Marketing und den Rollout geht, häufig segensreich auswirken.

Auch ist hier bereits die Grundstruktur im Gesamtablauf zu besprechen. So arbeite ich beispielsweise häufig mit einem moderierten Team, das zu bestimmten Meilensteinen einer Resonanzgruppe/ einem Plenum/einem Lenkungsausschuss die Zwischenresultate vorstellt. Daran schließt sich immer ein intensiver, mehrstündiger Moderationsprozess an. Das Ziel dieser Intervention ist sowohl inhaltlicher als auch prozessualer Natur. Es geht darum, das Mehr-Wissen aus der Resonanzgruppe für die spätere Weiterarbeit im Teams zu nutzen. Das heißt konkret, den Kritikpunkten früh genug eine Stimme zu geben, weiterführende Anregungen und Hinweise auf dieses und jenes zu erhalten, Holzwege ebenso wie Lücken früh genug zu entdecken oder die Kräfte auf bestimmte Aspekte hin zu bündeln. Dieser Wechsel vom kleinem Team zur Resonanzgruppe ist auf der Zeitachse eine Frage des Rhythmus, bei den Personen eine der Zusammensetzung. Deswegen müsste die Eingangsfrage zu diesem Unterkapitel korrekter Weise heißen: Wer ist zu welchem Zeitpunkt und in welcher Funktion mit von der Partie? Diesen Gedanken finden Sie auch verankert im >Projektstrukturplan: P, Projekt, Abbildung 66.

Ferner ist zu bedenken, wie zusammen gearbeitet wird. Die Frage kann in diesem frühen Stadium erst einmal mit dem Auftraggeber besprochen werden. Sie bedarf hinterher einer weiteren Klärung im Team. Nebst dem oben schon erwähnten Rhythmuswechsel muss klar sein, dass die Leute, die zusammen ein Konzept

erarbeiten sollen, von A bis Z zusammen bleiben können. Damit
das möglich wird, gilt es, die Ressourcen zu organisieren. Bei
diesen Ressourcen geht es über das vordergründige Personen-
Thema hinaus hin zu Aspekten wie Wissenszugänge, Räume,
Unterstützung aus dem Rest der Organisation, direkten Zugang
zum Auftraggeber.

Es werden bei der Art und Weise der Zusammenarbeit aber auch
mehr oder weniger bewusst Entscheidungen über die Zeitstruk-
tur getroffen. >Zeitdruck ist immer gegeben und strukturiert die
Arbeit an jedem Thema, beeinflusst die Arbeit im Innern des
Teams und ist auch nicht ohne Folge für das individuelle Verhalten. Vielen Zeitgenossen ist das folgende Phänomen vertraut:
Eine Arbeit mit Endtermin steht an. Zuerst lässt man sich Zeit,
dann sputet man sich und schließlich merkt man, dass die Sache
noch schwieriger ist als ursprünglich gedacht und kommt dann
wirklich zur Sache.

Die Grundhaltung des Moderierenden

Vom Moderator wird grundsätzlich erwartet, dass er sich neutral
verhält. Was er natürlich versuchen, aber sehr häufig alleine schon
körpersprachlich nicht einlösen kann – wie mir Videoanalysen
immer wieder vor Augen führen. So ertappte ich mich beispielsweise kürzlich, wie ich in einer Moderationsrunde besonders
häufig zum Chef hin und auf seine Befindlichkeit schaute.

Es gibt in diesem Zusammenhang einen schönen, einen erdenden
Gedanken: »Objektivität ist die Wahnvorstellung eines Subjekts,
dass es beobachten könnte ohne sich selbst.« *(von Glasersfeld in
Gumin/Mohler 1985: 19)* Also seien wir realistisch: Alleine schon
wie lange ein Moderator bei einem bestimmten Thema bleibt oder
welche Personen er versucht über Fragen miteinander in Kontakt
zu bringen, ist Geschmacksache und damit subjektiv, ganz und
gar nicht neutral – wiewohl wiederholte Anstrengungen in dieser
Richtung durchaus nicht verwerflich sind. Was allerdings wichtig
ist, ist sich inhaltlich aus Zwistigkeiten heraus zu halten und nicht

Teil irgendeiner Partei zu werden. Er soll sich in solchen Fällen prozessual bemühen, dass die Beteiligten selbst ihr Problem lösen oder den Konflikt regulieren können.

Was ich häufig gerade auch bei engagiert Sprechenden beobachte ist, dass sie nicht nur viel reden, sondern dass sie das Viele dem Gegenüber nicht wirklich zugänglich machen, es ihm nicht erschließen. Sie sprechen hauptsächlich auf der Aussageebene und versäumen es, diese Aussage auch zu begründen und ggf. zusätzlich noch durch ein Beispiel zu illustrieren. Ihr Statement aber bleibt für den Empfänger bedeutungslos, solange es nicht begründet und damit sinn-erfüllt wird. Gespräche werden aber dann spannend, wenn es gelingt, die plakative Behauptungsoberfläche zu verlassen und in die Ideen einzutauchen, die letztlich die Folge für eine Behauptung sind. »Wir müssen die Ladenöffnungszeit insbesondere abends verlängern. Am Liebsten wäre mir: 8.00 bis 20.00 Uhr!« Ja o.k., aber warum? Was sind die Beweggründe für diese Meinung? Hier wird es spannend! Hier beginnt im Übrigen auch ganz pragmatisch das »große« Stichwort von der »Lernenden Organisation« im Kleinen zu gedeihen durch Offenheit, Meinungsaustausch und kritische Debatten. Und hier hat der Moderator ziemlich viel zu tun:

- Dieses wichtige Statement aufschreiben;
- Die Argumente des Sprechenden dazu;
- Diesen fragen, ob nach seiner Meinung etwas dagegen spricht;
- Die anderen Anwesenden mit ihrer Meinung und ihren Begründungen miteinbeziehen;
- Und das auch mitdokumentieren – allmählich entsteht eine dichte Problem- und Begründungsstruktur;
- Den angeführten, erfolgreichen Fall von ALDI hinterfragen und diskutieren lassen, ob er auf die Firma 1:1 übertragbar sei;
- Zwischendurch auch auf die Schweigenden schauen und diese ggf. aktivieren;
- Provokativ behaupten, man sei bislang ja gut gefahren mit

den alten Öffnungszeiten, was denn der Punkt sei, weswegen die alte Lösung zunehmend zum Problem werde?

- Nach Informationen von außerhalb des Systems fragen: Gibt es Meinungsforschungen, möglichst regionale, zu diesem Thema? Was sagen die Trends? Was machen die lokalen Hauptmitbewerber? Mit welchem Erfolg? Ist der Erfolg tatsächlich auf die Ladenöffnungszeiten zurückzuführen?
- Wäre diese Maßnahme strategiekonform?
- Welches sind die zentralen Kräfte, die die Ladenöffnung von 8.00–20.00 Uhr unterstützen? Welche wirken blockierend?
- Dann liegen alle Fakten auf dem Tisch und der Bedarf nach einer Pause in der Luft. (Man beachte: Pausen sind stets Musterunterbrechungen, die wichtig sind, bevor man die Dinge finalisiert.)
- Danach: Entscheid zum Thema selbst oder, wenn noch Klärungsbedarf ist, zum weiteren Prozedere – wer muss bis wann was noch fundierter aufarbeiten, wann wird entschieden?

Die wichtigste Grundhaltung des Moderierenden ist es, neugierig zu sein, sein Nichtwissen als eine Art Ressource zu nutzen. Damit hilft er den anderen, miteinander in Kontakt zu kommen. Bei den Skills sind es zweifelsohne die >Fragen und sein Vermögen, einen Gesprächsverlauf zu strukturieren und zu visualisieren und durch Rhythmuswechsel die Energie oben zu halten. Letzteres bedingt eine doppelte Präsenz: inhaltlich und prozessual. Auf beiden Ebenen muss er immer gegenwärtig sein und beobachten: Welcher Film läuft jetzt? Und jetzt? Und jetzt? Was braucht die Resonanzgruppe jetzt?

Die Fragetechniken und innere Haltung zu den Fragen

Wer fragt, signalisiert einerseits Interesse, Neugier. Interesse und Neugier am anderen! So gesehen ehrt die Frage – gewiss aber nicht jede – den Gefragten: Der Fragende hält ihn für kompetent, das Thema zu beantworten. So gesehen begibt sich der Fragende von seinem Status in eine inferiore Lage und erhöht den Gefragten.

Er ist nun der Experte. Dieser soziale Mechanismus führt dazu, dass sich Mitarbeiter geehrt fühlen, wenn man sie fragt, und sie im Normalfall überaus bereitwillig Auskunft geben. Ein von mir interviewter Filialleiter sagte bei so einer Gelegenheit: »Sie werden es nicht glauben, jetzt arbeite ich 15 Jahre in diesem Laden. Und zum ersten Mal kommt einer und fragt den, der es wirklich weiß. Kompliment!« Sie können es sich denken: Wir hatten ein sehr ausführliches und ergiebiges Gespräch. Deswegen mein Rat an jeden, der interviewt oder moderiert: Wertschätzen Sie Ihr Gegenüber, es hat genau jenes Kontextwissen, das Ihnen später in der Analyse den entscheidenden Schlüssel liefern wird. Und an das Wissen kommen Sie nur durch a) Kontakt und b) Fragen unter c) Zeiteinsatz. Die interessantesten Gespräche nützen aber nur wenig, wenn Sie die Essenz nicht verschriftlichen. Und Sie kommen nicht dort hin, wenn Sie sich nicht vorbereitet und wichtige, potenziell ergiebige Fragen überlegt haben. (>Fragen)

Menschen miteinander in vertieften Kontakt bringen

Das ist ein kurzer, wenn auch sehr wichtiger Punkt. Zwar steuert der Moderator den Gesprächs- und Arbeitsprozess. Die Inhalte kommen aber von den anderen. Also muss er dafür sorgen, dass er zwar durch Fragen ein Gespräch anstößt, sich dann aber auf seine Prozessaufgabe zurück besinnt und die inhaltlichen Auseinandersetzungen den anderen überlässt. So meinte mein erster Mentor in der ganzen Moderationsthematik, Erwin Küchle, schon in den 80-iger Jahren: »Der Moderator spricht stets nur so viel, dass das Plenum diskussionsfreudig bleibt.« Sobald der Moderator inhaltlich einsteigt und beginnt mitzudiskutieren, fällt er aus seiner Rolle. Er mutiert dann zu einem typischen Diskussionsleiter, der stets beide Aufgabenpakete bewältigt: die Prozessgestaltung und sein inhaltliches Engagement.

Die Basis für solche Kontakte können in der Präsentation liegen – dort wurde eventuell ein Punkt auf später verschoben. Oder eine vorbereitete, visualisierte Frage liefert die Basis für ein Gespräch. Denkbar ist auch die persönliche Ansprache und immer wichtig sind die Punkte, wie ich sie unter >Fragen abgehandelt habe.

Die Aufgaben, die mit der Rolle des Moderierenden verknüpft sind, lassen sich deswegen in vier Pakete bündeln:

- Strukturhoheit statt Inhaltshoheit beim Thema, der Zeit, den Arbeitsformen und Verfahren! (Hier sind Sie in der Führungs-Rolle – das dürfen Sie sich nicht aus den Händen nehmen lassen!)
- Aufgaben nach innen (Resonanzgruppe/Plenum) und nach außen, in die Organisation!
- Aufgaben bezüglich der Qualität des Konzepts, seiner Akzeptanz und: Es gilt zeitgerecht zu sein – zu spät ist zu spät!
- Zeitig Klartext sprechen und schreiben, Konsequenzen aufzeigen und ggf. auch eskalieren.

Über Tools verfügen

Die mit diesem Stichwort angesprochenen Tools sind so vielfältig wie die Wissensgebiete, die Karin Klebert in ihrer Definition zur Moderation erwähnt hat. Wir können den Test gleich an dieser Stelle machen und die gesamten Seiten zum Stichwort »Moderation« einmal nach den explizit erwähnten und implizit angezogenen Werkzeugen absuchen:

- Scharfsinniges, analytisches zuhören – auch zwischen die Zeilen hineinhören:
  a) Ein Tool stammt aus der dialektischen Rhetorik: Faire Kommunikation besteht aus den Elementen Aussage, Begründung und Beispiel.
  b) Es gilt die vier kommunikativen Ebenen, die auch unterschiedliche Bedürfnisse widerspiegeln, herauszuhören: Die Beziehungs- und Kontaktebene, die Informationsebene, die Ebene rund um die Selbstdarstellung und die versteckten Appelle. Wo liegt in jedem Augenblick das Primat? (>Kommunikation)
- Organisation der Themenbearbeitung auf der Zeitachse, z.B. ob, wann und wie oft man Zwischenresultate mit einer

Resonanzgruppe diskutiert oder dass es eine Einzelarbeit nach einer konkreten Präsentation geben soll, bevor man in die Diskussion einsteigt. (>Projekt und dort Projekt-Strukturplan)

- Der letzte Punkt, die Diskussion, ist mit dem ganzen Komplex rund um die >Fragen und Fragetechniken verbunden. Sie erinnern sich vielleicht noch an die Passage:»Den angeführten, erfolgreichen Fall von ALDI hinterfragen und diskutieren lassen, ob er auf unsere Firma 1:1 übertragbar sei; provokativ behaupten, man sei bislang ja auch gut gefahren mit den alten Öffnungszeiten, was denn der Punkt sei, weswegen die alte Lösung zunehmend zum Problem werde?«

- Das lebendige Gespräch muss in seinen Grundzügen protokolliert und visualisiert, die (Zwischen-) Ergebnisse festhalten werden. Hier schließen sich Detailfragen an: Wie macht man das praktisch, welche Technik soll man dazu benutzen? (>Visualisierung)

- Wenn es bei der Moderation um ein Ziel geht, das qualitativ hochwertig und akzeptiert und zeitgerecht ist, dann stellt sich auch immer die Frage: Sind wir noch auf Kurs? Angesprochen ist die Reflexion der eigenen Arbeit – ein Prozessschritt, der leichter gelingt mit einem Tool. (>Feedback)

- Auch die Klärung des Themas oder Auftrags gelingt leichter, wenn man über einen methodischen Standard verfügt. Ein Element daraus ist die Empfehlung, das ganze Thema als eine einzige Frage, quasi als Leitfrage zu formulieren. (>Projekt)

- Die Zusammenstellung eines Teams und einer Resonanzgruppe verlangt nach fundierten Kriterien, so dass a) die Erarbeitung des Konzepts ebenso gelingt wie b) der spätere Roll out. Ein >Team besteht idealer Weise aus heterogenen Ressourcen.

Sie sehen: Tools sind wichtig! Wichtig in zweierlei Hinsicht: Nach innen helfen sie dem Moderator, einen komplexen Gegenstand zu sortieren, die Prozesse zu beschleunigen und die Arbeit zu organisieren. Nach außen hin wirken die Resultate umso verlässlicher, je nachvollziehbarer sie sind. Wer seine Empfehlungen später strukturiert ableiten kann, schafft Transparenz und damit eine wichtige Basis für das »Verkaufen« des Erarbeiteten und für das Gespräch. Logik schafft Sinn und stärkt die Glaubwürdigkeit.

Das Gespräch und die (Zwischen-) Ergebnisse festhalten

Sprechen in einem Team vier oder fünf Leute miteinander oder sind es in einer Resonanzgruppe auch schon mal 15 Personen – ein Problem stellt sich hier wie dort: Wenn sich niemand die Mühe macht, das Gesprochene mit Worten und grafischen Darstellungen festzuhalten, ist es hinterher schneller weg als einem eigentlich lieb ist. Es ist beschämend, wie schnell wir vergessen – unabhängig vom Alter übrigens! Die Erinnerung an ein Gespräch ist schon nach Stunden nur noch extrem selektiv und falls wir etwas erinnern, dann häufig auf einem nichtssagenden Abstraktionsniveau und natürlich – oder hoffentlich: Was wir selbst beigetragen haben! Nach zwei Tagen ist, ohne Dokumentation, das Meiste wie weggeblasen und man kann mit der Arbeit gleich wieder von vorne anfangen. Oder die Gesprächsinhalte sind durch nun aktuellere Themen überschrieben, die ihrerseits in weiteren zwei Tagen dasselbe Schicksal erleben werden.

Darum: Es ist wichtig, mit der Dokumentation des Gesprächs schon im Gespräch selbst anzufangen. Erfolgt das für alle sichtbar, ist ein Protokoll nicht selten die Basis für weitergehende Wortbeiträge oder für Verknüpfungen, die nur so transparent werden, weil visualisiert wird. Ganz sicher aber kann man damit nach dem Gespräch die Frage »Wie weiter?« besser und entlang des Gesprächsverlaufs präziser beantworten. Und ebenso sicher lässt es sich nach zwei Tagen oder Wochen leichter weiter arbeiten und man muss nicht wieder bei Adam und Eva anfangen.

Allerdings sieht die betriebliche Realität an dieser Stelle in vielen Firmen zappenduster aus. Es muss eine fundamentale Hemmung geben, etwas einfach auf Verdacht hin aufzuschreiben. Wer weiß, vielleicht bringt es was? Vielleicht kann man es aber auch hinterher schreddern! Oder besteht die Hemmung darin, dass sich niemand gerne exponiert? Haben die Leute Angst vor orthografischen

Fehlern: »Mensch, wie schreibt man schon wieder Akuisition?!«, »...verdammt, was ist das, ein Noupät?!« – und meiden deswegen diese Rolle? Oder finden sie es unter ihrer Würde, eine so öde, servile Arbeit zu verrichtet? Oder, oder … Es wird schlicht und ergreifend nicht getan und wenn, dann falsch, weil beispielsweise das Aufgeschriebene nicht mehr inhaltlich gegen Ende hin mit den Leuten abgestimmt oder aus der Erinnerung heraus später erst geschrieben wird. Sie kennen als Protokoll-Empfänger sicher auch das Gefühl: »Moment mal, war ich bei dieser Besprechung eigentlich mit dabei?«

Technisch gibt es für das gesprächsbegleitende Protokoll mehrere Möglichkeiten. Natürlich mit Flipchart und Pinwand, dann aber auch über Moderationskarten, die dezent mit einem Edding No.1 beschrieben und nach und nach in eine Struktur gebracht werden. Dazu braucht es keine Pinwand und keine Nadeln. Das kann sogar auf einem Besprechungstisch und zur Not auch schon mal auf dem Teppich erfolgen! Dann kann man das gleiche Resultat über ein Protokoll im Laptop erzielen, sei es als freie Darstellung in PowerPoint oder unter Nutzung einer Mindmap. Wichtig in den beiden letzteren Fällen ist dann nur, dass man den Beamer erst zum Schluss hochfährt, sonst lenkt die Aufschreibtechnik so sehr die Aufmerksamkeit ab, dass kein vernünftiges Gespräch mehr zustande kommt. Häufig ist es auch so, dass nebst dem Moderator jemand da sein muss, der sich auf das nebenbei mitlaufende Protokoll konzentriert. Denn nebst dem Protokoll laufen parallel mit eine To-do-Liste – sie enthält die konkretesten Ergebnisse. Und auf dem Themenspeicher werden solche Themen geparkt, die ggf. später oder gesondert bearbeitet werden.

Das Prinzip ist immer das Selbe – nämlich das Erarbeitete zu dokumentieren, um diese einmal gelegte Basis für die Weiterarbeit nutzen zu können. Was eigentlich auch im Zeitalter der digitalen Fotos ein Kinderspiel wäre – nur, man müsste es, bevor man es fotografieren kann, eben aufschreiben!
Dieser Punkt ist gleichermaßen trivial wie offensichtlich auch schwierig, ihn im betrieblichen Alltag um zu setzten.

Das Danach frühzeitig bearbeiten

Hier gibt es einen allgemeinen und spezifischen Teil zu bedenken. Allgemein ist immer damit zu rechnen, dass etwas Folgen hat. Wer Führungsleitsätze erarbeiten lässt und verabschiedet, möge vorher die Folgen dieses Tuns bedenken und, indem er sich diese Folgen vergegenwärtigt, sich fragen, ob es eine gute Idee ist, zum gegenwärtigen Zeitpunkt solche Führungsleitsätze zu erarbeiten. Wer seine leitenden Mitarbeiter in Workshops erarbeiten lässt, wie die ideale Organisationsstruktur der Unternehmensgruppe künftig aussehen soll, vergegenwärtigt sich vernünftiger Weise die Folgen dieses Prozesses bevor er ihn anstößt.

Bei der Moderation ist das nicht anders. Hier bedeutet es beispielsweise, sich zu vergegenwärtigen, welche Folgen es hat, wenn man einen externen Moderator oder einen Internen aus der Personalentwicklung hinzuzieht. Oder welche Erwartungen für die Zukunft und für andere, auch wichtige Themen geweckt werden, wenn man bei genau diesem Thema seine Leute bottom up in genau dieser Art und Weise und mit dieser Intensität einbezieht und sie beteiligt.

Häufig gibt es aber nach einer moderierten Runde jede Menge an (Zusatz-)Arbeit, die Manpower bindet und Management-Attention braucht. Wollen Sie das? Wollen Sie das jetzt? Wollen Sie das bei genau diesem Thema?
Es lohnt sich, sich früh genug das hinterher zu überlegen. Wer nicht B sagen will, sollte A nicht anstoßen.

Zusammengefasst

Die Moderation ist eine mögliche Art und Weise, ein Problem zu bearbeiten. Sicher kommt sie seltener vor als beispielsweise eine normale Besprechung oder das Lösen eines Problems am Telefon. Moderation lohnt sich dann, wenn bestimmte inhaltliche und kontextuelle Bedingungen gegeben und die Schlüsselkompetenzen im System vorhanden sind oder zugekauft werden können.

Moderation ist für kleine und große Gruppen geeignet und sowohl eine Technik als auch eine Vorgehensweise sowie eine Haltung. Deswegen muss sie zu einem kulturellen Kontext passen.

Der Inhalt des Stichworts »Moderation« entspricht stellenweise den Ausführungen in: Titscher/Stamm: Erfolgreiche Teams. Linde-Verlag Wien 2006

M

Motivation

Die zum Ziel führende und effiziente Arbeit an einem Thema und in einem Team kann aus verschiedenen Perspektiven betrachtet werden: der Einzelperson, dem Team selber, dem Auftraggeber und noch etwas weiter draußen dem betrieblichen Umfeld. Im folgenden befasse ich mich mit dem Problem (in-)effektiver Problemlösearbeit aus der Perspektive gestaltungswilliger Auftraggeber. Sie können einen Problemlösungsprozess dadurch anschieben, dass Sie dafür motivieren. Sie können aber auch manipulative Strategien einsetzen oder ein Tun schlicht erzwingen. Motivieren – manipulieren – zwingen: Durch diese Wortfolge sei ein zunehmender Qualitätsverfall beim »Aufgleisen« eines Themas signalisiert. Worin aber besteht er?

Zwang ist – vermutlich nicht nur bei mir – mit negativen Empfindungen besetzt. Zwang heißt, dass der Eine dem Anderen vorschreibt, etwas zu tun. Zwang heißt darüber hinaus, die Fremdkontrolle zu bejahen. Letztendlich bedeutet aber Zwang, dass jemand über die Macht verfügt, das Vorgeschriebene auch gegen Widerstand durchzusetzen. Dabei wird das Gegenüber, das Subjekt, instrumentalisiert und verdinglicht. Zwang ist somit die Vorgabe und Durchsetzung von Normen, ohne dabei die Bedürfnisse und Belange anderer zu berücksichtigen.

Zwang äußert sich, vereinfacht, in Sätzen wie: »Du hast zu parieren und wehe, das läuft nicht so, wie ich es mir vorgestellt habe.« Solche Szenen sind Ihnen vielleicht auch in milderer Form vertraut. Sicher ist Ihnen aus der Controller-Arbeit auch die Wendung nicht fremd, dass die einen die anderen mit ihren Zahlen »knebeln« würden. So heißt denn auch die zynische Definition von einem Meinungsaustausch, dass man mit der eigenen Meinung zum Chef ins Büro rein, aber mit dessen Meinung herauskomme. Eben: ein Meinungs-Austausch hat stattgefunden.

Nein, Zwang als Durchsetzungs- und Verkaufsstrategie für ein Thema – mal ausgeübt durch das Topmanagement, mal durch die Controller selber – existiert zwar als Spielvariante, taugt aber nicht viel! Wer es trotzdem mit Zwang versucht, wird sehen, dass die Macht, die ihm für den Moment den Zwang gestattet, irgendwann aufhört und abbröckelt. Dann fällt sein Anliegen wie ein Kartenhaus in sich zusammen. Weswegen? Weil die Daseinsberechtigung für ein Veränderungsthema ausschließlich in der Person des Auftraggebers und seiner hierarchischen Rückendeckung wurzelte und nicht in der Einstellung und inneren Haltung, nicht in der Einsicht, dass etwas notwendig und sinnvoll ist.

Wenn aber Zwang nichts taugt, wie wäre es dann mit der **Manipulation** als Durchsetzungs- und Verkaufsstrategie?
Bei der Manipulation besteht nicht zwingend ein Machtgefälle zwischen ICH und DU. Manipulation ist vielmehr ein Akt der Verführung, bei dem die Gedanken, Wertungen und Absichten des ICH zu denen des DU gemacht werden. Sie ist ein Prozess gedanklicher Infiltration, bei dem das DU vom ICH vereinnahmt wird, oft ohne es selbst zu realisieren. Bei der Manipulation wird das Verhalten des Anderen in meinem Sinne oder im Sinne meines Auftraggebers beeinflusst und zwar zu fremdem Nutzen. Der Manipulierte an sich profitiert vom Neuen nicht, sondern ist vielleicht gar der Geschädigte. Durchschaut er dann die Manipulation, ist das Vertrauen zwischen ICH und DU gebrochen.

»Manipulieren – aber richtig« hieß das Buch von Josef Kirschner, das Ende der 70er-Jahre erstaunliche Verkaufserfolge hatte – als Sachbuch in drei Jahren 140.000 mal verkauft, ist doch respektabel! Die Nackenhaare stellen sich mir, als ich dort während der Niederschrift dieses Buches etwa las, man solle seinen Behauptungen dadurch Nachdruck verleihen, indem man sie öfters wiederhole *(Kirschner 1979: 63)* oder sie dadurch glaubhaft machen, dass man aufzeige, wer alles schon davon überzeugt sei (Nach dem Motto: »Die meisten sind dafür ... und Sie?«) oder dass man letztendlich die Behauptung qualitativ verstärken soll etwa dadurch, dass man auf Medien verweise oder auf den Professor

Soundso, der eben dieses oder jenes auch schon gesagt habe. Bei der Lektüre solcher Empfehlungen also stellten sich mir die Nackenhaare und Widerwillen regte sich. Gleichzeitig ertappte ich mich aber beim Gedanken, ob es nicht vielleicht Manipulation zum Guten hin geben könne? Ja, nur ist das dann nicht mehr die den eigenen Zwecken dienende Manipulation des Josef Kirschner, sondern die so genannt »Edukation« des Baldur Kirchner. Edukation ist die Verhaltensbeeinflussung zum Nutzen des Beeinflussten. Sie stellt ihn mit seinen Bedürfnissen gleichzeitig und gleichwertig neben den Edukator, den »Erzieher«. Der Beeinflusste und der Beeinflusser spielen so mit offen gelegten Karten, was bei der Manipulation nicht der Fall ist. Die Interessen mögen dabei durchaus unterschiedlich sein, aber sie sollen geäußert und berücksichtigt, ein für beide Seiten tragfähiger Kompromiss gegebenenfalls gefunden werden. (>Manipulation)

Auf dem geistigen Pfad von der Manipulation über die Edukation bis hin zur Motivation hat mich der Gedanke von Konrad Lorenz besonders berührt:
»Gesagt ist noch nicht gehört, gehört noch nicht verstanden, verstanden noch nicht einverstanden, einverstanden noch nicht angewandt, und angewandt noch nicht beibehalten.«
Einverstanden also ist noch nicht ausgeführt und das einmalige Ausführen schafft noch keine Nachhaltigkeit, keine neue Gewohnheit. Es sind viele Siebe von »Gesagt« über »einverstanden« bis »beibehalten«, sehr viele sogar – was vom Ursprünglichen kommt zuletzt wohl noch an? Nebst der Kommunikation kommt sicher der Motivation bei diesem Prozess eine Schlüsselrolle zu.

Wenn jetzt von Motivation die Rede ist, befinden wir uns genau in der Mitte dieses Satzes: verstanden ist noch nicht einverstanden. Dass ein Controller zur Leitung eines Projektes motiviert ist, setzt voraus, dass ihm das Problem-Paket aufgeschnürt wird, er seinen Inhalt anschauen und verstehen und ihn beurteilen kann. Der eine Prüfstein für Motivation ist demzufolge dort zu sehen, wo der andere wegen fehlendem Nutzen oder mangelnder Zeit »nein« sagen darf. Denn zur Motivation gehört das Risiko, dass der

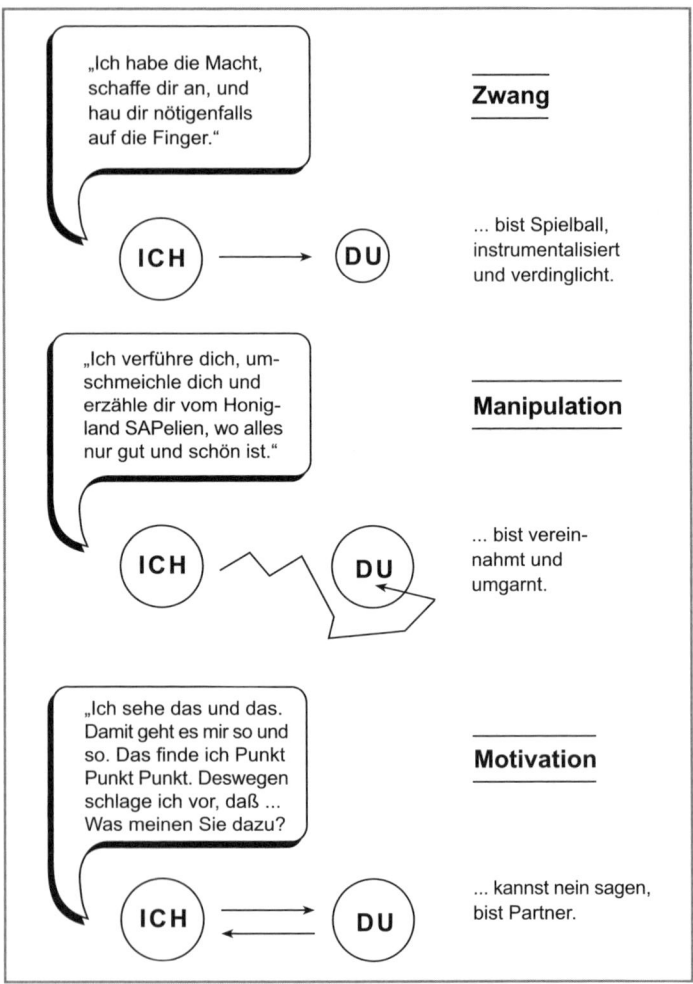

Abb. 43: Zwang – Manipulation – Motivation (Stamm 1999: 34)

andere sich verweigern darf. Wenn ich als Auftraggeber nicht das Risiko eingehen kann, dass der Projektleiter nein sagt, dann ist der sittlich nicht gefestigte Auftraggeber gefährdet, das Feld der Motivation zu verlassen und sich in die Niederungen von Manipulation oder Zwang zu begeben.

Der andere Prüfstein für Motivation heißt Selbstmotivation. Nur jene Projektleiter und Teammitglieder, die auf der Suche nach einer beruflichen Identifikation zu einer persönlichen Identität gefunden haben, nur sie »treibt es fachlich um«. Sie glühen selbst und können so andere zum Glühen bringen. Selbstmotivation kommt vor Fremdmotivation. Das hat niemand schöner beschrieben als Saint-Exupéry: »Wenn du ein Schiff bauen willst, so trommle nicht die Leute zusammen, um Holz zu beschaffen, Werkzeuge vorzubereiten, Aufgaben zu vergeben und die Arbeit einzuteilen, sondern wecke in ihnen die Sehnsucht nach dem weiten, endlosen Meer.«

Mein ehemaliger Trainerkollege und Lehrer beim österreichischen Hernstein-Institut, Traugott Lindner, umschreibt den Begriff Handlungsmotiv so: Die Basis eines Motivs ist stets ein Mangelerlebnis. Dieses kommt dadurch zustande, dass jemandem irgendeine Begrenzung klar wird, er aber gleichzeitig hinter dieser Grenze Ziele sieht, die er erreichen will. Es gibt ein Problem. Eine zum Handeln herausfordernde Spannung ist entstanden *(Im Folgenden Lindner 1987).*

Das Spannungs-Kontinuum, stellen Sie sich einen Pfeilbogen vor, reicht von spannungslos über gespannt bis hin zu überspannt und hat jeweils spezifische Auswirkungen auf die Art der Problembearbeitung.

In der **ersten Phase**, der Spannungslosigkeit, geschieht noch gar nichts. Sei es, dass im Unternehmen andere Themen mit Priorität beachtet werden, weil dort das Mangelerlebnis relativ akuter ist, sei es, weil die Probleme erfolgreich und nachhaltig ausgeblendet oder geleugnet werden.

Wichtig ist nun, dass, bevor eine prinzipiell erreichte Handlungsbereitschaft zu tatsächlichem Handeln führt und damit die **zweite Phase** der Herausforderung ermöglicht, vier entscheidende Voraussetzungen geschaffen werden müssen. Sie müssen zudem kumulativ erfüllt sein, damit in einer Firma in dieser zweiten Phase ein Projekt angestoßen und abgearbeitet wird.

Zunächst geht es um das pure **Verständnis** des Problems. Was ist die Ausgangslage, welche Effekte sollen durch die Lösung beseitigt oder erzielt werden? Für wen ist es ein Problem, für wen ist das Problem die Lösung? Die Idee dahinter ist, dass erst das Wissen um ein aktuelles oder in der Zukunft liegendes potenzielles Problem mobilisiert.

Die zweite Voraussetzung betrifft den Gefühlsbereich, die **Emotion**. Das Thema muss mich berühren, mich betreffen, mein eigenes Baby werden. Fehlt das, fehlt die zweite Motivationsvoraussetzung und es wird zu keinem »movere« – sprich: bewegen – kommen. Sinngebung ist nur denkbar, wenn eine persönliche Betroffenheit, ein Ich-Bezug hergestellt werden kann. Erst der wirkt. So etwa betreffen ökonomische Krisenzeiten existenziell und sind unter anderem deswegen besonders gute Zeiten für Innovationen: «Change needs pain!« Wiederum hinderlich ist beispielsweise, wenn eine Firma prächtige Gewinne macht. Kommt da der Controller mit seinen Methoden zur Gewinnsteuerung oder Kostenoptimierung daher, erntet er vom Management häufig genug ein müdes Lächeln. Er fühlt sich nicht angesprochen, nicht betroffen. Satte Löwen jagen nicht. Dort, wo der Schuh drückt, sind am Problem orientierte Neuerungen besonders willkommen und nützlich. Was auch mit einschließt, dass ein Controller durch Analysen bisher unerkannte Problem- und Chancenquellen ortet und sichtbar macht: beunruhigende Nachrichten emotionalisieren.

Drittens unterbleibt die Bearbeitung eines Themas dort, wo **Tabus** regieren oder/und der Arbeitseinsatz als aussichtsloses Unterfangen eingestuft wird. An Tabus darf man bekanntlich nicht rühren und tut man es doch, lebt man gefährlich. Für den Hindu ist das Schlachten einer Kuh tabu. Auch der liebende Vater, der gleichzeitig Inhaber ist, lässt nichts über seinen unfähigen Sohn kommen, der gleichzeitig Geschäftsführer ist. Alle in der Organisation wissen das und werden sich hüten, irgend eine abfällige

Bemerkung über den Sohnemann in Gegenwart des Chefs zu machen. Tabus anzusprechen ist also (sozial) verboten – ja, man darf streng genommen nicht einmal sagen, dass es ein Tabu gibt. Wie also spricht man sie trotzdem an? Das geht nur in einer paradoxen Weise. Indem man sagt, dass darüber ... (hier jetzt das Tabu nennen) nicht gesprochen werden dürfe. Und das Verbot mit einem falschen Grund begründet: »Das würde unsere Organisation nicht ertragen« oder »Dafür sind unsere Mitarbeiter noch nicht reif.« Dann gilt es das Thema zu wechseln und zu schauen, was dann geschieht. *(Titscher/Stamm 2000)*

Dann blockiert aber auch die Facette »aussichtslos« jegliche Motivation! Jemand, der schon viele wohlgemeinte Projekte kommen und ebenso ereignislos wieder gehen sah, ist desillusioniert und wird passiv bleiben. Er wird deswegen auch diese Neuerung aus dem Blickwinkel des »déjà vu« wahrnehmen, weil er sah, wie strategische Klausurtagungen in ihren Anfängen stecken blieben oder die Neuformulierung von Führungsgrundsätzen nichts am Führungsverhalten änderte. Ferner kamen und gingen: Total Quality Management, Wertorientiertes Management, Customer Relationship, diverse Zertifizierungen, Shared Service Center, Value und Supply Chain Management und jetzt zu allem Überfluss auch noch: das!

Die vierte und letzte Voraussetzung für ein motiviertes Arbeiten sind existierende **Ressourcen**. Es klingt banal, wird aber oft nicht eingeplant, dass die Arbeit an einem Thema schlicht und ergreifend Zeit benötigt. Oder es braucht Spezialwissen, das man einkaufen können muss. Solche Ressourcen sind bereitzustellen, ansonsten ist das Thema vielleicht interessant und nützlich, wird aber wegen Ressourcenmangel nicht abgearbeitet.

Sind aber diese vier Handlungsvoraussetzungen gegeben – also: Know-how, Emotion, keine Tabus sowie Ressourcen – dann sind wir in der zweiten Phase, in der das Thema zu einer Herausforderung geworden ist und angegangen wird.

Was aber geschähe in der **dritten Phase**, der Überspannung? Stellen Sie sich als Beispiel ein Verkaufsgespräch vor. Dort tritt

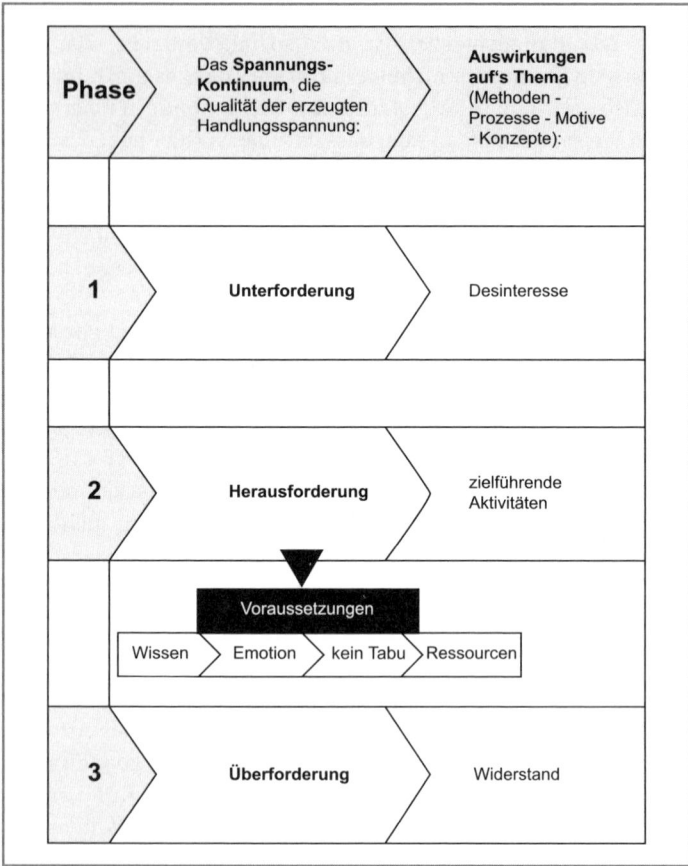

Abb. 44: Motivationsverlauf in drei Phasen (Stamm 1999: 38)

Überspannung dann ein, wenn ein Käufer längst den Vertrag unterschreiben würde, so der Verkäufer es nur merkte und aufhörte, noch weitere Verkaufsargumente langatmig aneinanderzufügen. Verärgerung, ja Trotz ist das Verhaltensprodukt, das er damit erzeugt. Genau das tritt auch dann ein, wenn vom Management bei einem Thema zu viel oder Unrealistisches oder

Unsinniges gefordert wird. Die Überforderung bricht den Motivationsbogen. Die Anforderungen sind überspannt und damit entsteht auch die Angst, all dem nicht mehr gewachsen zu sein.

An diesem Punkt angelangt, wären mehr Druck, mehr Motivation oder auch Begeisterung für das Thema verhängnisvoll. Ein Projektleiter in spe beispielsweise, der sich an dieser Stelle im Motivationsverlauf befindet, wird nämlich auf verstärkte Motivationsversuche mit verstärktem Widerstand reagieren. Ein teuflischer Aufschaukelungs-Prozess ist in Gang gesetzt: Mehr und noch intensivere Motivationsversuche führen zu mehr und noch intensiverem »Dagegenhalten«. Was der Motivierende meistens als Signal interpretiert, den anderen wohl immer noch nicht genügend überzeugt zu haben. Also legt er nach. Der zu Motivierende fühlt sich jetzt überfahren und blockt den penetranten Motivierer nun erst recht ab. Sie ahnen es, eine unendliche, irgendwie vertrackte Geschichte bahnt sich an.

In der Psychologie gibt es die weitgehend unbestrittene Auffassung, dass hinter jedem psychischen Widerstand eine (oft) unbewusste Angst verborgen liege. Widerstand gegen ein Thema – und sei es in der aktiv-aggressiven oder der passiv-resignativen Form – heißt an dieser Stelle auch, auf den eigenen Angsthintergrund zu verweisen. Seien das Versagensängste, Angst überfordert zu werden oder sich festzulegen oder Angst davor, die »eigentliche« Arbeit dann nicht mehr zu schaffen. Natürlich läuft das alles unter einem verharmlosenden Etikett. Wenn also jemand sagt: »Ich habe keine Zeit für das Thema«, dann kann er damit sehr wohl meinen »ich fürchte mich tierisch vor dem Schwierigkeitsgrad«. Deswegen hieße es auch jetzt konsequent herauszufinden, was genau ängstigt. Dann nämlich kann konsequent Druck abgebaut werden. Sei es, dass zusätzliche Ressourcen frei gegeben oder Meilensteine gestreckt werden oder das Thema untergliedert oder eingegrenzt wird.
Motivation bedeutet somit, eine funktionale Spannung zu erzeugen und als Grundlage die vier Aspekte – Wissen, Emotion, Tabus und Ressourcen – im Auge zu behalten.

→ Tipp

Weiterführende Literatur zum Stichwort: Fast alle Bücher von Reinhard K. Sprenger: »Mythos Motivation« oder »Das Prinzip Selbstverantwortung«; aber auch Selbsthilfe-Bücher wie etwa der witzige und gleichzeitig tiefgründige Bestseller von Marco von Münchhausen: »So zähmen Sie Ihren inneren Schweinehund«.

Netzwerk

Der Begriff hat Konjunktur. Und wie alles, was gerade in und chic ist, verwischen auch hier die Ränder und einst vorhandene inhaltliche Konturen gehen verloren. Es droht, dass jede Beziehungspflege und jeder Telefonanruf zum Netzwerken hochstilisiert oder abgestempelt wird – je nach Standpunkt.

Allgemein werden Netzwerke als eine Art »soziales Kapital« verstanden – ein Kapital, das es zu akkumulieren und nutzbringend zu investieren gilt. Wobei an dieser Stelle das Bild mit dem »sozialen Kapital« durchaus zutrifft, denn: Sie können zwar investieren, aber ob es ein nutzbringendes Investment war – und: wann – haben nicht Sie in der Hand, sondern der andere. Aber wir werden uns das später noch näher anschauen.

Netzwerke nach innen und außen gelten in der heutigen Zeit als wesentliche Erfolgsfaktoren, um an entscheidungsrelevante Informationen, sprich: an informelles Wissen heran zu kommen. Entscheidungsrelevant sind eben sehr häufig genau jene Informationen, die nicht für Jedermann verfügbar, die vertraulich und »unter uns gesagt« sind. Darüber hinaus ermöglichen einem Netzwerke, eigene Interessen respektive die seines Systems erfolgswirksamer zu vertreten. Denn häufig ist die Frage nach dem Zeitpunkt des Informiertseins nicht ganz unwesentlich für die Effektivität des eigenen Tuns – zu spät ist zu spät. Wer die Dinge stets erst erfährt, wenn sie offiziell geworden sind, darf für sich in Anspruch nehmen, schlecht vernetzt zu sein.

Die weiteren Gründe, weswegen Netzwerkkompetenz immer wichtiger wird, liegen auf der Hand und sind schnell aufgezählt. Einerseits verlieren traditionelle Netzwerke wie studentische Verbindungen oder gemeinsamer Militärdienst kontinuierlich an Bedeutung. Andererseits mehren sich die Arbeitsplatzwechsel und in Deutschland verdanken immerhin rund 40 % der Manager ihren aktuellen Job ihrem Netzwerk – in USA sind es schon 70 %. Der dritte Grund, der hier aber nicht weiter ausgeführt werden soll, sind zerbrochene Partnerschaften und Ehen, die stets auch das Netzwerk mindestens halbieren.

Berufliche Netzwerke – und nur sie interessieren hier – kann man nach zwei Typen unterscheiden: Beziehungen zu pflegen mit/ohne von dieser Beziehungspflege einen direkten Nutzen einzufordern/ zu erwarten. Mithin gibt es, im Sinne einer **Typologie**:

- Kontakte, die sich an aktuellen Aufgaben und Zielen und häufig organisationsintern orientieren. Es existiert eine greifbare Mittel-Zweck-Hierarchie. Der Nutzen ist absehbar, es gilt durch Kooperationen konkrete Dinge mit anderen zusammen innerhalb eines geordneten Ganzen voranzutreiben.
- Kontakte, die sich an künftigen Herausforderungen orientieren und thematisch unspezifisch sind. Das Ganze besteht aus einer Reihe loser Fäden, die zudem volatil sind. Der Nutzen aus der heutigen Perspektive ist völlig offen – er zeigt sich erst noch oder auch nie.

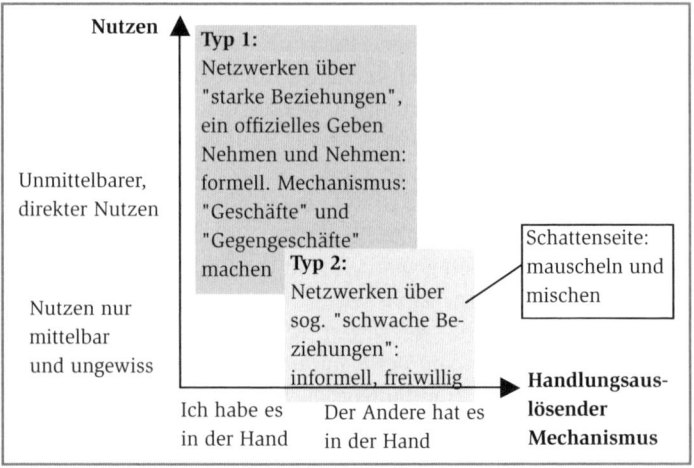

Abb. 45: Typologie von Netzwerken

Hier nun interessiert nur der letztgenannte Typus, denn nur er ist Netzwerken im tieferen Sinn. Es besteht aus einem Netz sogenannter »schwacher sozialer Beziehungen« – das sind »Ihre« Leute mit deren Freunden und Bekannten. Nach dieser Theorie des Soziologen Stanley Milgram erreicht jeder von uns jede beliebige Zielperson auf der Welt über durchschnittlich sechs Stationen. Wollten Sie also zum Beispiel mit Barack Obama in Kontakt kommen, brauchen Sie nur sechs Schritte, sechs Kontaktpersonen.

Zur Frage wie man Netzwerke aufbaut folgende **Hinweise**:

- Die Basis von Netzwerken ist erst der Kontakt, dann ein sich zum Teil oberflächliches Kennenlernen und später ein grundsätzliches Vertrauen. Darum: Suchen Sie Anlässe, um überhaupt in Kontakt treten zu können.

- Schaffen Sie sich dann Bekannte/Freunde/Verbündete und erhalten Sie sich diese. Verhindern Sie insbesondere Abbrüche von Beziehungen.

- Wer von anderen (später) etwas braucht, muss (zuerst) etwas geben. Darum ist investieren (zunächst) wichtiger als profitieren und der lange Atem wichtiger als der kurzfristige Nutzen. Also: Helfen Sie anderen, unterstützen Sie sie u. a. um »gut auszusehen«, etwas zu einem guten Ende zu bringen, an für ihn relevante Informationen oder Personen zu kommen oder gar, dass jene an Machtpositionen kommen und Einfluss haben.

- Achten Sie auf Heterogenität, denn sie ist die wichtigste Basis, in verschiedene Subsysteme hinein verlinkt zu sein.

Der Aufbau von Netzwerken läuft also erstens über Kontakte und zweitens über ein absichtsloses Geben in der Hoffnung, irgendwann irgendetwas Nützliches zurückzuerhalten. Durch diese Vorleistungen angestoßen wird das so genannte »Reziprozitäts-Prinzip« – es gilt als wichtigster gesellschaftlicher Kitt. Es wird dabei einseitig und ohne konkretes Ziel Kredit/Wohlwollen/soziales Kapital aufgebaut und damit einhergehend auch der Verhaltensdruck erzeugt – eben die Reziprozität – das Erhaltene irgendwann zurückzugeben, es auszugleichen. Darum ist es wichtig,

von der Dosierung stets darauf zu achten, dass der andere es überhaupt auszugleichen vermag. Ansonsten ist er »ewig in meiner
Schuld« – ein ungutes Gefühl. (Übrigens: Der Mechanismus der
Reziprozität wird auch zur >Manipulation von Menschen miss-
braucht.)

Der einzige Schutz vor dem Reziprozitäts-Prinzip besteht darin,
»Gratisangebote« zu meiden und den fälligen Preis zu zahlen
oder eben: netzwerkabstinent zu leben.

→ **Tipp:**

Tipps für den Auf- und kontinuierlichen Ausbau von **Cont-
roller-Netzwerken:**

- Externe Seminare von renommierten Institutionen und
  Personen, zum Beispiel der Uni St. Gallen und dort die
  Strategie-Workshops von Prof. Dr. Müller-Stewens, nähe-
  res unter: www.es.unisg.ch/management-seminare

- Externe Seminare und gerade nicht: interne. So zum Beispiel alle CAP-Workshops, näheres unter:
  www.controllerakademie.de

- Die regionalen Arbeitskreise des Int. Controller Vereins e.V.
  sind eine wahre Fundgrube für Beziehungen unter Gleich-
  gesinnten und zudem regional fokussiert – eine Homo-
  genität, die nicht immer ein Nachteil ist:
  www.controllerverein.com

- Und ein immer aktueller »Sammelpunkt« für controlling-
  relevante Links und zu Controller-Communities im Internet ist: www.grotheer.de